U0905741

男人都在想什么

读懂男人的逻辑

7 THINGS HE'LL NEVER TELL YOU

[美] 凯文·莱曼 著
姬蕾 译

天地出版社 | TIANDI PRESS

图书在版编目（CIP）数据

男人都在想什么：读懂男人的逻辑/（美）凯文·莱曼著；姬蕾译. — 成都：天地出版社，2022.6

ISBN 978-7-5455-6673-4

Ⅰ. ①男… Ⅱ. ①凯… ②姬… Ⅲ. ①男性-心理学 Ⅳ. ①B844.6

中国版本图书馆CIP数据核字（2021）第253530号

著作权登记号 图字：21-2020-374

NANREN DOU ZAI XIANG SHENME: DU DONG NANREN DE LUOJI

男人都在想什么：读懂男人的逻辑

出品人 杨 政
作　者 [美] 凯文 · 莱曼
译　者 姬 蕾
责任编辑 霍春霞
封面设计 今亮后声
内文排版 胡凤翼
责任印制 王学锋

出版发行 天地出版社
（成都市锦江区三色路 266号 邮政编码：610023）
（北京市方庄芳群园3区3号 邮政编码：100078）
网　址 http://www.tiandiph.com
电子邮箱 tianditg@163.com
经　销 新华文轩出版传媒股份有限公司

印　刷 天津光之彩印刷有限公司
版　次 2022年6月第1版
印　次 2022年6月第1次印刷
开　本 880mm×1230mm 1/32
印　张 10
字　数 224千字
定　价 58.00元
书　号 ISBN 978-7-5455-6673-4

咨询电话：(028) 86361282（总编室）
购书热线：(010) 67693207（营销中心）

如有印装错误，请与本社联系调换。

谨以此书

献给我最爱的女儿——汉娜·伊丽莎白·莱曼

吾家有女初长成，妈妈和我以你为傲。

我们爱你。

—— 爸爸（和妈妈）

目 录

导　言

男人到底想要什么

只要做到三件事，就能让你的他无比满足。

我喜欢当男人。

拿剪指甲来说，女人们常会在美容院里花上好几个小时精雕细琢，可我仅在开车等红绿灯的十秒钟里，就能用牙解决问题。甚至有时我还和自己比赛，看能准确无误地让手指甲落在仪表盘上几次。

如果你说：“哇，真恶心！”那你肯定是个女人。如果是男人，他的反应会是：“哥们儿，比起我，你还差一截！我车里的仪表盘上早就堆满了指甲。”

一条百慕大（Bermuda）短裤，我可以穿好多天，压根儿不会想着换一条。除非某天，我卧室的凳子上出现了另一条裤子，或者妻子桑德把一条干净裤子递到我眼前，命令我换上，并如秋风扫落叶般把脏衣服扔到洗衣机里，我才会和我的百慕大短裤说再见。

在我看来，衬衣上有个小油点根本就不是什么事，我当然可以穿着它到处行走。通常情况下，我的标准行头是T恤衫、短裤、网球鞋和棒球帽。有一天早上，我像往常一样给躺在床上的妻子端咖啡，女儿克里茜带着两个小外孙康纳和阿德琳突然出现在我面前。

看见他们，我很激动，不小心把手中的咖啡洒在地板上几滴。知道我是怎么做的吗？我想都没想，就用拖鞋猛蹭了几下，这样那些污渍就能干得快些。

“老爸，”克里茜瞪了我一眼，“只有男人才会这样做。”

没错，这就是我——一个男人。

吃饭的时候，我不喜欢任何人动我的食物。不过，当别人想给桑德的盘子里夹点儿什么东西时，一般都由我决定她要不要。

对于色彩，我一点儿都不敏感，几乎可以称得上色盲。

我从不会问关于方向之类的问题。

当妻子开始喋喋不休地长篇大论时，我就很烦躁，脑海里只有一个问题：“她究竟想要说什么？”

有时，我像个四岁孩子一样，渴望得到妻子所有的注意力。而其他时候，我又是妻子的英雄，得为她遮风挡雨。

不管说什么事情，我都喜欢直截了当、简明扼要。当我沉默不语的时候，我希望妻子能明白，我并不是对她所说的内容不耐烦，而是不想破坏她的感觉。我是个坚强的男人，可是，我内心深处那块最柔软的地方永远属于我的家庭。你问问克里茜就知道，我为她哭过多少次。当她订婚的时候，当她穿上婚纱走进婚礼殿堂的时候，当她告诉我她怀孕的时候，当我第一次将小宝贝们搂在怀里的时候，我都曾止不住泪流满面。

事实上，我并不是一个大谜题，让人看不清、猜不透。其实，任何男人都不是谜。男人和头脑简单的西蒙（Simple Simon）[1]有太多共同点。通往男人内心的道路很清晰，却非常狭窄，它仅对少数的几个人开放。因为对于一个男人来说，对某人完全敞开心扉要冒很大的风险。

能翻开这本书，这说明你很在意你生命中那些重要的男人，并且想改善同他们的关系。不论你已为人妻，还是正在热恋中，或者刚刚订婚，或者正在寻觅那个他，又或者仅仅是想更了解自己的儿子、兄长或父亲，你都将从这本书中收获良多。《男人都在想什么：读懂男人的逻辑》将会向你揭示男人内心最深处的秘密：

男人最在乎的是什么？

男人能承受的底线是什么？

怎样才能让你们之间的美好关系天长地久？

在与心仪之人约会时，你总是在他面前展现出你最好的一面。然后，无论是你主动，还是他主动，你们就这么陷入爱情的迷网。你希望你们能时时腻在一起，永不分开。你希望每天晚上，可以躺在属于你俩的家中，倚在他的臂弯里，在温暖的壁炉前共享甜蜜的夜晚：这是你心中最浪漫的画面。

---

1 英语儿歌 *Simple Simon* 中的人物。——译者注

> 在婚姻中，你付出多少，就会得到多少。
>
> ——无名氏

于是，婚礼一结束，你便立刻把所有精力都放在了安排你俩的共同生活上。家务活儿谁做，车油谁去加，每个月的银行账单谁负责解决，等等。有一天，你——一个女人，一个天生的问题解决能手——突然发现自己早已淹没在繁杂的琐事中，你才觉得自己上了当。你在心里嘀咕：以前我好像没有为这些事情苦恼过。他一直都是这样吗？怎样才能改造他？

面对那个曾让你神魂颠倒的男人，你感到理想和现实之间存在鸿沟。当你在床边翻出一大堆脏得发臭的衣服时，你只有一个念头：我到底是他妻子还是女仆？

你会寻思，在他心中，到底是和那些好哥们儿聚会重要，还是陪我更重要？如果是前者，那么为什么我和闺密约会时，他又要吃醋呢？

家里的经济情况，我和他不止谈过一次了，我可是严格遵守财政预算的。可他居然擅自买了一台等离子电视，他究竟在想什么？

说他是个工程师吧，可家里那漏水的水龙头，没见他修过一次。

这些抱怨和不满真是说也说不完。你如果不了解男人的真正需求，不知道他在想什么，想要什么，他做这些事情的原因何在，就会因为婚姻生活中理想和现实的巨大反差而苦闷不堪。误解最终会导致争吵和隔阂，你会从中品尝到无尽苦涩，接着开始后悔，这婚结错了吗？

调查显示，如今有50%的婚姻均以离婚收场；而另外没离婚的50%的夫妻，只有一半对他们的生活感到满意。七年之痒，真的不无道理。

问问你自己：你对目前和他的关系满意程度是多少？

如果你手中有一根魔杖，能改变他的某一点，那么你最想改变的是他的哪一点呢？

小测试一 …

你对他满意吗？

A．我真想二十四小时每分每秒都和他在一起，一刻也不分离。

B．我爱他，不过隔段时间和闺密聚聚也挺好。

C．我家车库里充斥的男性激素快让我窒息了。他心里到底有没有我的位置？

D．你想过同别人在一起吗？一天，一星期，甚至一年？

答案请参见本书第 283 页。

家庭装修，你试过吗

你看过电视里关于家庭装修的节目吗？在节目中，那些不起眼的房间在很短的时间内就能改头换面，焕然一新，而且花的钱不多。装修设计师们还说一点儿也不难。

“十分钟，让你的厨房从乱糟糟一团变成精致的展厅。”

“八招让你的家温馨迷人。”

“只需一个周末，就能让你早已过时的卧室变得时髦美丽。”

接下来，会发生什么？看完节目，你铆足劲儿，热血沸腾地投入装修大计中，会发现实际操作起来比那些专家宣传的要难得多，花费的时间也要长一点儿，可能预算也会超支。不过，当大功告成时，房间确实改观不少，之前付出的时间、金钱和心血也都值了。

而我想说的是另一种家庭装修，一种涉及你和他的“装修”。在两性关系中，绝大多数人都期望按自己的意愿改变另一方。他们认为，只要长时间地努力，不断批评并纠正对方的错误，最终就会将对方改造成功。

这就像试图把豹子身上的斑点去掉一样。当然，你可以试着用钢丝球擦豹子的皮毛，可你不但不会使那些斑点消失，而且还会把它彻底激怒。

你可以装修房子，装饰衣服，装扮头发，可是，想给豹子来个新造型，或是想让你生命中的他改头换面，效果就没那么好了。

伟大的改革家马丁·路德·金（Martin Luther King）的名字可谓家喻户晓。他领导的改革对我们现今的社会影响深远。可是，在改革过程中，他钢丝球般带刺的性格曾让很多人心生不满。

一个女人如果想成为巾帼版马丁·路德·金，给她的婚姻生活来个大改革，就会使她的男人愤怒不堪，最后敬而远之。因此，如果你在跨进婚姻殿堂时想的是“他有一个毛病我不太喜欢，不过没关系，以后我会让他改掉”，那么请你趁早打消这个念头。相信这个普遍真理吧：以前你是怎样的一个男孩（女孩），那么以后你依然还是你。

没有人喜欢别人对自己指手画脚，对男人来说，尤为如此。想抓老鼠，你得在老鼠夹旁放一块老鼠最爱的奶酪。如果你把奶酪换成菠萝，你得到的永远只是一个空夹子。

同样的道理，**你试图改变男人前，得了解他们。否则，即使你**

的出发点是好的，结果也会不尽如人意。

无论现代社会怎样宣扬男女毫无差别，事实上，男人与女人根本不可能一样。

一桩幸福的婚姻，需要彼此理解、认同并接受两人的差别，能通过对方的独特视角审视这个世界；在面临困难和压力的时候，能够多给彼此一些空间和自由。当他的行为让你烦躁、生气时，你想一想自己在每个月固定的那几天，不也常做出一些不可理喻的事情吗？

当困难来临的时候，夫妻的一方不能因此指责埋怨另一方，而应将它看作挑战，一个需要两个人齐心协力面对的挑战。美满婚姻的秘诀就在于采用正确的方式让对方知道：“我明白你的感受，我会尽我所能满足你的一切需求，并永远陪在你身旁。”

那么，男人最需要的是什么呢？

他最需要的三件事

前不久，我在“信心女性”研讨会上演讲时，问了在座的女性一个问题：“你们觉得男人在生活中最需要的是什么？”

“食物！”一个中年女性立刻喊道。

在场的人都笑了。

“电视遥控器！”另一个红头发的女性说。

笑声更大了。

“性爱！”一名褐色头发的女性补充道。

听众们一阵骚动。

“嗯，不错。”我说，“不过，你们所说的都并不准确。”

大家都沉默了，有人表情迷茫，更多的人瞪大了眼睛，显得非常惊讶。

“一会儿我会再谈到这个问题，”我微微一笑，“除了刚才提到的那些，你们认为男人还有什么需要？”

“男人有一些基本的需要，”一名年纪稍大的女性说，“比如我丈夫喜欢我赞扬他，崇拜他。”

我点头：“没错，这一点非常重要。还有吗？”

接着，听众们又给出若干观点，比如事业、金钱、成功等。可是，没有一个答案是我所期盼的。看得出，在场的女性开始变得有一点儿烦躁不安了。我明白她们的感受。女人总喜欢马上得到答案，也对寻找答案很在行。因此，女人应该想办法弄明白男人到底在想些什么。

最后，我说道：“想知道他内心想些什么，有怎样的喜怒哀乐，你没必要成为一名分析学博士。要了解男人，其实很简单。你只需要弄明白男人的灵魂是什么，他内心最核心的部分是什么，就能找到积极的方式和言语回应他的一切行为。也许有时你会觉得很郁闷。不过，这桩买卖很划算，因为从此以后，你们的关系将完全掌控在你手中。一旦了解了男人，你就会发现，他在内心深处是小男孩。他想取悦你，害怕伤害你，害怕你会抛弃他。”

接着，我言归正传，告诉在场的女性，男人最需要的三件事是什么，而这三件事，对于她们——这些男人生命中的女性——也至关重要。这三件深深影响着男人的思维方式和一举一动的事，他们不会说出来，可女性们却不可不知。在 85% 的婚姻关系中，男人都有这三大基本需求，而对于另外 15% 的夫妻而言，他们的夫妻角色完全颠倒了。你即使属于这 15%，也请别放下此书，你将从中得到些许启发。

男人的三大基本需求：

1. 被尊重
2. 被需要
3. 被满足

什么？这个组合里竟然没有“爱”这一条？你脑海里也许会有这样的疑问。难道对他来说，爱不重要吗？那么，请问问你丈夫，在被爱和被尊重之间，他会选择哪一个。大多数情况下，他的答案是后者。因为得不到尊重，他是不会有被爱的感觉的。

1. 尊重我

一个女人的力量有多大，可能你从未意识到。女人安排各种大大小小事情的能力简直可称为“世界第八大奇迹”。每天女人为安排妥当事情所付出的努力足以用来登珠穆朗玛峰好几次了。女人能妥当地打点家里的一切，能把房间收拾得漂漂亮亮的。在孩子的学校、左邻右舍、社区的各种活动中，总能出现女人活跃的身影。女人安排自己和家里的事情，管理起丈夫和孩子的行程，总是不费吹灰之力，游刃有余（至少在男人看来是这样）。女人记得家中每个人的生日，记得孩子的作业何时需要家长签字并送回学校，还记得宠物什么时候需要喂养，什么时候需要带出去遛弯儿，当然，女人也不会忘记和医生的预约。而且 72% 的女人还有全职工作，能同时做好这么多事情，真的很了不起！

坦率地说，当听完女人絮絮叨叨地陈述自己一天所完成的各种大小事情后，作为男人，我真的自惭形秽。

此外，女人对自己曾活动过的任何地方的任何事情都了如指掌，包括对邻居家的八卦新闻都能如数家珍。因为对女人而言，说话是基本需要，女人喜欢说话，所以总是能很快地和别人混熟。

举个例子。当你坐飞机的时候，如果邻座刚好是一位女士，那么一个小时的航程结束后，你不仅知道她的名字、她此行的目的、她两个孩子的名字和职业，还能了解到在芝加哥下飞机后哪家商店人气最旺，甚至她丈夫最近做的三件蠢事等。

与上述例子截然相反，如果你的邻座是位男士，虽然你很想和他聊点儿什么，但最终你们的话题仅局限于一句话："今天天气不错，是吧？"

因为那位男士微微点头后，又埋头于他的报纸中。与一位陌生女士深入交谈，对他来说没这个必要。

如果是两位男士坐在一起

> 婚姻就像一个三级挡变速器，第一挡为感情，第二挡为友情，第三挡为爱情。贸然加速，直奔第三挡，并非明智之举。你要慢慢地一步一步来。爱情的基础是尊重，而只有在感情和友情中，我们才能学会如何尊重爱人。
>
> ——彼得·乌斯季诺夫（Peter Ustinov）

呢？他们仅仅会在交换报纸的时候彼此略微点点头，那就是他们能交流的全部。

你看，对男人来说，说话不是他们的基本需要。据统计，女人平均每天要比男人多讲几倍的话。所以，当你丈夫下班回来，你总是会像上了发条一般，有好多话想对他讲。可是，他在工作中所说的话已经够多了，此时他想要的只是片刻的宁静。当然，这并不是说他不想听你讲话。你想说些什么，他愿意聆听，不过他觉得没必要立刻火热地加入讨论中。他只是希望得到你的尊重，希望在涉及与家庭有关的事情时，你能告诉他并征求他的意见。如果从不相干的人那里辗转获知自己家里发生的事情，他会觉得非常没面子。

此外，你得明白，他是一个成年人（即使有时候他像个顽皮的男孩），应该获得尊重。我的妻子，很幸运，她是家里的长女，她的行为方式验证了我对长子或长女的看法。家里排行老大的人总喜欢对别人发号施令，告诉别人该做什么、不该做什么。

这四十年来，我每天早上总会倚在皮椅里，边喝咖啡，边看电视上的新闻播报。我也会读一下诸如《今日美国》（*USA Today*）之类的报纸，然后随手将它们放在椅子下面。四十年了，我亲爱的桑德每天都会不厌其烦地要求我把报纸捡起来。

她要我把报纸捡起来，并不是因为她想看报纸，她对报纸根本就没兴趣；她这么做，只是为了提醒我把报纸捡起来，而且一说就是四十年。

我们来做个简单的计算：一年365天（不算闰年）×40年=14 600天。这意味着，截至目前，桑德至少提醒过我14 600次，让我把报纸捡起来。难道她真的认为，如果不提醒我，我就会对地上的报纸不闻不问，任由其在皮椅下堆积如山吗？难道她真的认为，我永远不会将它们扔进垃圾桶吗？

还有个例子。有一次，桑德要去参加一个妇女活动，周五晚上动身，周六才能回来。那晚，她出门的时候特别叮嘱我，让我第二天早上买两个柠檬蛋黄派，因为她周六回来会比较晚，可能没时间做早餐。

星期六早上，我醒来时发现枕边有一张字条：

亲爱的阿曼：

我已经开始想你了。

别忘了买蛋黄派哦。

我苦笑一下。难道昨晚才千叮万嘱的事情，第二天早上我就会忘到九霄云外吗？没办法，这就是桑德。

同样一个女人，九年前买回一堆涂料，说要把我们被洪水冲坏的船甲板重新粉刷一下。那么，现在这些涂料在哪里呢？它们仍然堆在我们家进门的台阶旁，这正是九年前她将它们从车上搬下来后放的位置。哦，对了，涂料滚子也放在那儿呢。

每天，我从门口经过，看见那些涂料和滚子，就忍不住想笑。我当天看完报纸后，必须将其从地上捡起来扔进垃圾桶。现在是早上九点三十五分，那份看完的报纸早就已经躺在垃圾桶里了，这是我们家的规矩。可是，我亲爱的妻子大人，她的涂料和滚子可以堂而皇之地盘踞在我家门口九年之久，她并没有觉得有什么不对劲。

女人，真的猜不透。

不过，因为我爱桑德，也了解她的性格，所以每次她安排我做这做那时，我总是在心里默默叹一口气，然后一一照做。每天我仍然会把报纸随手一放，桑德对此很无奈。而我，每当路过她未完的工程时，常常低声偷笑。

重要的是，在婚姻中，你要学会尊重对方，即使他做了一些足以让你崩溃的蠢事。当你在床上搜出一堆臭袜子时，当你发现盥洗盆里粘有牙膏时，当你看到电话机到处乱放时，当你在阳台上捡到他的眼镜时，请牢记那句箴言：“为什么要小题大做？”

男人外表看起来很坚强，内心却十分脆弱。在婚姻中，如果男人得不到尊重或不被重视，心灵之门就会随之关闭。男人可能会用工作麻痹自己，可能回家的次数越来越少，转向其他地方寻求尊重，离家越来越远。

没有尊重，夫妻关系将无从谈起，因为建立关系的基础已经缺失了。没有尊重，男人便不会有被爱的感觉。

男人第一需要的，就是被尊重，尤其是被你尊重。

2. 需要我

其实他非常依赖你，你知道吗？和女人相比，男人在人际交往方面确实略逊一筹。对男人来说，能称得上朋友的人屈指可数。没错，男人是有很多好哥们儿，一起打游戏，一起游猎，一起健身，不过，这些人只能算得上泛泛之交。知心朋友，能有一个，就已经很幸运了。我庆幸自己有一位这样的哥们儿，我叫他“傻蛋”。傻蛋和我相识多年，可我们最长的一次谈话只有三十六分钟，而且当时还是在讨论一个非常严肃的话题。我们很少煲电话粥，估计其他男性也一样吧。

可是，女人就大不相同了。对女人来说，可能至少三个小时的谈话才能称为聊天，谈论的话题可以从天上到地下。

正是因为男人的朋友并不多，所以你在他心目中的地位比你想象得要高很多。实际上，你丈夫最在乎的人就是你。虽然有时他好像一心都扑在了事业上，但你千万别被这一表面现象迷惑。

男人虽然很重视事业，职位升迁、薪水增加、任务完成等，他都非常在意，但最想获得成功的地方是家里。没错，他有时独断专行，有时对你表现出不满，有时像个闷葫芦，不说话。可是，你的男人很想也很需要成为你的“英雄”。这难道不是每个女人梦寐以求的吗？

如果你想他时不时送一束玫瑰给你个惊喜；如果你希望他是一

名称职的父亲，出现在孩子的每场棒球赛上；如果你希望他成为一名勇士，肩负起保护你和家庭的责任，那么我告诉你一个秘密：他很在乎你是否需要他。他希望能通过你的言语或行动获得这种感觉，感受到在你心中，你很依赖他，很需要他。在你同闺密煲电话粥的时候，你的男人最想听到这样的话：

“上个星期，我丈夫简直表现得太好了，你知道他做了些什么吗？当时，家里乱得像狗窝，我真的很需要帮忙。工作上有一个项目让我精疲力竭，我每天都在办公室里忙得脚不沾地。到了星期三，我累得快趴下了，好想大哭一场。我甚至连下班去逛超市买东西的力气都没有了，我还在想晚饭大家只能吃速食罐头了。可你猜怎么着？晚上，我推开门，发现客厅被收拾得整整齐齐，厨房里早餐用的碗筷正在洗碗机里洗着，我还能闻到我最爱的中国菜的香味。噢，天哪，我丈夫真的太可爱了！他明白我有多么需要他的帮助。”

你的男人希望你是一个独立、高效的女人，可是又不想你太独立、太高效。他希望你能让他为你做点儿什么，即使他做事的方式和你做事的方式可能不太一样。

也许你的薪水达到了六位数，也许你在家里掌控着大权，也许你主宰着你家小到五岁大到十八岁的四个孩子的一切生活，也许你在兼顾工作和家庭上游刃有余，至少绝大多数情况下你是一个独立的女人。不过，请当心，千万别变得太独立！因为你这样实际上在向他发出一种无形的信息：我并不需要你。当你那个成天精力充沛的他感觉到你并不十分需要他时，他会做些什么呢？当他——一个父亲，一个丈夫——觉得自己在家里的地位无足轻重时，他又会怎么想呢？

男人是一种很奇怪的动物，这一点我不得不承认。如果女人能用正确的方式对待男人、安抚男人，男人就会像小猫咪一样，对女人无比顺从，愿意为女人做一切事情。而且，和那些养不亲的猫咪不同，如果女人能尊重男人，让男人感到女人需要他，那么绝大多数男人都会一生对这个家忠诚。

如果一个男人知道他在这个家里的角色和地位无可替代，那么，即使他的公司面临裁员，即使他突然失业，即使他四十岁时体格不再健壮，即使他忘记你们的结婚纪念日，即使他又让你的家庭财政预算多出一大笔，他也不会惶惶不安，过于担心。

所以，男人第二需要的，就是被需要，尤其是被你需要。

3. 满足我

你的丈夫选择你成为他的灵魂伴侣是有原因的。你不妨听听他的想法：我遇到了我梦寐以求的女人。我要和她结婚，永远爱她，永远和她在一起。她是我的。我们的生活会永远和谐美满。

经历了火热的恋爱、甜蜜的婚礼和浪漫的蜜月后，你们的生活回归常态。他又投入到繁忙的工作中（或者开始马不停蹄地找工作），而你被生活中的大事小事纠缠着，恨不得有三头六臂。慢慢地，无论是精神上还是身体上，你都开始感觉疲惫。

在他看来，“结婚这个任务算是完成了”，接下来他要关注的就是事业——只有事业成功，他才能更好地养家糊口。于是，突然间，你收到的红玫瑰越来越少，他也不像以前那样含情脉脉地看着你，有时候你会有这样的感觉：你成了他的财产，而不是他的爱人。

孩子一旦闯进你们的生活，家庭关系就变得更复杂了。有时，你看得出他眼底火热的冲动，也知道他在想什么。可是，你再也不能像以前那样，把碗筷一放，就和他腻在一块儿，因为你们两岁的宝贝正哭闹着要吃饭呢。应付完这个小宝贝，还有五岁的女儿等着你检查她明天要交的家庭作业。

直到晚上9点，终于把孩子安顿上床睡觉后，你也精疲力竭，没有心情再去满足任何人的要求了。不过话说回来，你一整天不都在为别人忙碌吗？

> 我选择妻子如同她挑选结婚礼服一样，不是求外表光滑细腻，而是要穿着舒服。
>
> ——奥利弗·哥尔德斯密斯（Oliver Goldsmith）

于是，你的男人，那个把你视为他“梦寐以求的女人”的人，再一次被忽视，再一次被排在最后一位。他想与你亲热的愿望被生生地憋了回去。

对你的丈夫而言，性爱是他的第三大需求。

惊讶吧？你可能不知道：性爱满足对男人来说很重要。不过，单纯做爱和在性爱中获得满足是不同的。你对性的态度，是积极主动、热情奔放、尽情享受，还是冷淡无谓、机械地完成任务，对他会产生截然不同的影响。

简单点儿说，你的丈夫需要性爱，并且他希望你也喜欢性爱。他想与那个他最信赖的人有最亲密的关系，而那个人就是你。他如果能在你那儿得到满足，就不太可能拈花惹草。

男人在婚姻生活中有满足感，性爱是很重要的因素。不过，性爱并不是唯一的因素。他同样需要知道，在你的世界里，他永远排在第一位，不论是父母也好、闺密也罢，甚至孩子都无法取代他在你心中和生活中的位置。他希望能听到你在电话里对闺密说："安妮，我得挂电话了，吉姆回来了。"他不仅希望听到你的一句"欢迎回来"，而且希望你抱一抱他，轻轻吻一下他，哪怕只是短短几秒（因为你炖的饭菜马上要煳了）。

如果你能花时间好好陪陪他（而不是把他放到最后，在晚上精疲力竭时匆匆应付了事），他就会感到，无论在精神上还是身体上，你都很珍惜他。

所以，男人第三需要的就是被满足，尤其是被你满足。

触摸心灵

当你注意到你丈夫的时候，你第一眼看见的是什么？是他今天穿的鞋，还是西装？你会对他的穿着评头论足，指责他不该选择这条皮带搭配休闲西装吗？

或者，你看见了他的内心，看见他为你、为这个家做出的努力，虽然有时候他会帮点儿倒忙？当他回家的时候，你能读懂他脸上的表情吗？他是迫不及待地想告诉你点儿什么，还是因为某些事情有点儿沮丧，抑或很疲惫呢？

将你的丈夫放在第一位，对你来说很容易，还是有些困难呢？也许你有很多事情要处理，包括工作和各种各样的生活杂事，所以这让你很为难？

要想知道男人在想什么，你无须是一名“火箭科学家”。男人的三大基本需求就是被尊重、被需要和被满足。如果你明白并让他得到这三样，那么他不仅会成为一个坚强的斗士，为你遮风挡雨，而且会温柔地拿着泰迪熊，同你和孩子嬉戏玩耍。

男人其实很简单。

如果你能满足他的这三大基本需求，他就能成为更好的丈夫和父亲，一生陪伴在你左右。你只要付出一点儿努力，就会得到丰厚的回报。这是桩划算的买卖。

男人私语

男人的三大基本需求

1. 被尊重
2. 被需要
3. 被满足

对于一个男人来说，这三大基本需求非常重要，影响着他生活的各个方面，包括他对自己、事业、家庭、你、你们的关系以及你们对未来发展的看法。

可是，如果你问一个男人：“你希望你爱的那个女人了解你什么呢？如果可以，你会告诉她你想要什么吗？”那么，他会三缄其口，一言不发。

这是为什么呢？因为对男人来说，最重要的事情，他往往害怕说出口。面对这些问题的时候，他很谨慎，他不知道一旦说出自己的想法，会给自己带来什么影响，爱人会有什么反应。

每个男人的内心都有七件事不会告诉你，可你不可不知。这七件事都与男人的三大基本需求紧密相连。

现在，我代表全世界所有的男性，大胆开口了……

第一章

女人想要交谈，男人已无话可说

为什么男人只会瞄一眼名著导读，
而女人则想要细读整个故事？

那天晚上，我不得不去参加一个社交活动。说实话，我很讨厌这种社交场合，因为我必须衣着光鲜，神采奕奕，哪怕领带勒得脖子疼，都要强装出一副举止得体的样子。

不过，我深爱着我的妻子，所以还是同意陪她一起去，虽然到了那里之后，整个晚上我几乎都看不到她的身影。

我百无聊赖地走了一圈，脸上保持微笑，对着其他宾客频频点头，最后在酒水区停了下来。有的时候，当你觉得不自在、手脚不知道该往哪儿放时，你手里拿点儿东西也许会好受点儿。

我慢慢地往酒杯里加满酒，退后一步，打量着大厅里来来往往的众人，不时小酌一口手里的酒。

这时，另外一个男人也来到酒水区。我冲他点了点头。

点头是全世界通行的男人语言，简单易行。当你看见另一个男人时，你将头抬起半英寸[1]，他亦抬头半英寸，仅凭这个动作，你们

1 1英寸=2.54厘米。——译者注

已交流了千言万语，彼此备感满足。即使你没有开口，对方已完全体会到你想要说的话：“你好，近来怎么样？这晚宴不错，你觉得呢？”

不过站在酒水区前的这个男人，看起来和我一样迷茫，没有做出任何回应。

我突然有种受伤的感觉。于是，我伸出手，说道：“我叫凯文。”

他握了握我的手，说：“里克。”

“宴会不错，对吧？”我又加了一句。

沉默。我一时找不到更多的话。毕竟面对一个陌生人，我没必要和他深谈。

我们就这么站在酒水区前。

半晌之后，我总算想出一句：“嗯，你是做什么工作的呢？”

这次简短的交流只维持了三十秒，我们又无话可说了。最近好像没什么球赛，还有哪些话题可以谈呢？

正在此时，桑德走了过来。在我眼里，桑德真是无比可爱，简直就是我的拯救者。我赶紧一把拉住妻子的手臂，对那个迷茫男人介绍说：“里克，这是我的妻子，桑德。”

尴尬沉默的气氛顿时烟消云散。桑德活泼开朗的性格让交谈变得生机勃勃。几分钟后，桑德又把我介绍给了另外一些人。

我真觉得自己像一条被捕上岸的鱼，被人使劲扔在甲板上，鼓着大眼睛艰难地喘息着。突然，有一个善人大发慈悲，说了一句

“看，他多可怜”，然后将我丢到水中，于是我又能自由呼吸、尽情遨游了。

现在，我们假设另外一种情况。你是一个女人，在宴会的酒水区遇到一个名叫卡萝尔的女人，那又会怎样呢？

“你好，”她说，“我叫卡萝尔。”

你也自我介绍一番，接着说道：“你的鞋真漂亮。”

“是吗？我在梅西百货公司（Macy's）买的。”她回答道。

接着，你们之间滔滔不绝的交谈便拉开帷幕。即使你天生不是一个健谈的人，可在你们四十五分钟的愉快聊天中，鞋、衣服、常逛的店铺，最爱的宾治酒的做法，去年夏天去过哪些地方旅游，你如何想念一位远行的朋友等，都会成为你们的话题。即使你们其中一人是一家银行的副总裁，另一人是医院的合同护士，你们的工作压根儿不会被谈及，公事并不在你们的交谈范围内。

聊天结束后，你们还会挥舞着写着电话号码的餐巾纸依依惜别：“下次见，等我电话啊。”让我觉得更不可思议的是，这并不是一句客套话，你们真的会打电话。

听见不等于回答

在社交方面，男人真是傻瓜吗？有时候确实是。不过，请想一想，女人平均每天讲的话是男人的几倍（这一点我在本书的导言部分已提过），男人下班回到家前，几乎已经把一天的话说完了。这意味着，晚上不论有什么事（包括去参加社交活动），都是在男人最不想讲话的时候发生的。坦率地说，白天在工作中，男人已费尽唇舌，到了晚上，能与遥控器相处一会儿，真是求之不得的事儿。遥控器不会问各种各样的问题，不会因为男人没做什么事情而恼怒发狂，更不会因为男人没按照某种方式回答问题而火冒三丈。

这就是当女人同男人讲话时，男人却沉默不语的原因。男人并不是没有用心听，只是那时男人还没有准备好怎样回答。不过，大多数情况下，即使男人躺在摇椅上，不停地按着手中的遥控器，也在听女人说话。只不过，男人需要一些时间才能做出回应。

男人已经习惯了女人在耳边絮絮叨叨，有时要跟上女人的节奏，需要一点儿时间。可是，在这个过程中，男人听到的往往是一阵长叹，接着便是愤怒的埋怨声：“你到底有没有在听我讲话？”事实上，男人开始慢慢理解，女人喋喋不休的长篇大论之后才是最重要的部分，而这个部分，男人不仅理所当然该知道，更得遵照指示做出行动。

一般来说，女人有说话、交流的需要，当话语如同滔滔江河一般从她口中奔腾而下时，男人能做的只有不予理会、充耳不闻了。我想，这种情形你应该深有体会吧。他目光呆滞，眼睛盯着报纸或电视，不论你说什么，他的回答都是敷衍了事的“嗯”“啊”。接下来会发生什么呢？你气愤到快要发疯，于是更加滔滔不绝，你们之间的沟壑也越来越深。

与此同时，他心中想的则是：你能不能消停一会儿，让空气流通流通！

你如果知道男人和女人的需求是不同的，就不难明白为什么会有这样的事情发生了。

女人的三大基本需求

当我问女性朋友们，她们最想得到的是什么时，回答如下：

“我想有一个爱我的人。我希望他能时常亲口告诉我他爱我，并用行动证明对我的爱。”

“我想在我讲话时，他能仔细倾听。有时我并不需要得到什么回答，只要能让我继续说下去就好。”

“我希望在我和孩子需要的时候，他能一直在那儿。我希望在他心中，我是最重要的。”

“我想成为他的灵魂伴侣。”

“我希望他能告诉我他一天都做了什么，也能听听我一天都做了什么，并且能放在心上。”

> 婚姻的困难就在于，恋爱时男女二人因“个性”彼此吸引，却要与“性格”生活一世。
>
> ——彼得·德弗里斯（Peter DeVries）

“我想知道，他每时每刻都在想着我。”

前不久，在一次婚姻研讨会上，我也问过男性朋友，他们认为女人最想要的是什么。一位男士脱口而出："信用卡！"

他妻子用手肘使劲顶了他一下，另一位男性听众忍不住大笑起来。

静下心来，仔细想想，女人的三大基本需求按顺序来说便是：

1. 爱
2. 敞开心扉的交流
3. 对家庭的承诺和奉献

1. 爱

爱，是女人的第一大需求，它比任何东西都重要。对男人来说，爱就是性。但对女人而言，爱可以是拥抱、亲吻、牵手、抚摸，也可以是一束鲜花、一张温馨的字条等。她想得到的是男人不求任何回报的付出。她希望爱就是爱，而不仅仅是性。

我猜想，没有一个女人会说："我和丈夫的婚姻里只要有性就够了！"女人希望被宠爱、被呵护、被拥抱，每天都会在心里问很多遍——一个男人常常不会理会的问题——"你真的爱我吗？"她如果只有在做爱时才能感受到丈夫的爱，很快就会觉得丈夫并不爱她。最后，她会想：他只有在做爱时才对我温柔呵护。她会认为自己仿佛是他的财产或者一件物品，对他只有利用价值，而并非他在这世上唯一深爱的、梦寐以求的女人。

怎样才能让女人感受到那种珍爱呢？当我问一些女性朋友这个问题时，她们回答如下：

“当他告诉我，我是个多么伟大的母亲时。”

“当他能自觉地去倒垃圾时。”

“当他能主动收拾被我弄得一团糟的厨房时。”

“即使我的身材有些走样，如果他告诉我，我在他眼里永远最美，我就会感觉非常幸福。”

女人希望男人爱她，就要爱她的全部，无论她做什么，他都能始终如一。她想要她的男人无论是在家里，还是在外工作，都能把她放在心里最柔软的地方。一位女性曾对我说：“因为我知道他爱我，所以无论多么艰难的日子，我都能挺过去。他的爱，就是我生活的目的。”

2. 敞开心扉的交流

你知道吗？科学研究证明，相对男人而言，女人更属于“关系型”人群，她更看重人与人之间的关系，具有更多的关系技能。女人大脑里连接掌管语言和感情部位间的神经纤维要多于男人的。这意味着，女人的感觉和思想如同高速路上的汽车一样，行驶得飞快；而男人的感觉和思想则像步行在泥泞小道上的人，一瘸一拐，艰难地向前迈进。最终，他的思想会赶上女人的思想步伐，但需要花好长一段时间。

在这个过程中，女人很容易变得愤怒激动。毕竟，女人很善于表达自己的感情，思维也跳跃得很快。从一个话题飞跃到另一个话题，对女人来说很容易。如果此时他仅仅敷衍地附和一句，她就会翻脸。让她更气愤的是，他嘟囔着回答她的问题后，立马转身给他的哥们儿打电话，并聊了十分钟之久，从他们去年夏天买的鳟鱼到最近热销的电脑软件，再聊到辛格勒无线公司（Cingular Wireless）的股票大涨之事。

男女语言交际专家德博拉·坦嫩（Deborah Tannen）在她的经典著作《你误会了我——交谈中的女人和男人》（*You Just Don't Understand*[1]）中谈到，男女交际无异于“跨文化交际”。她解释道：

> 如果说女人通过交谈来与外界联系，寻求亲密关系，而男人交谈的主要目的是维持自己的地位和保持独立性，那么男人和女人之间的交流可以称为跨文化交际。他们所说的不是不同的方言，而是不同的性别语言。

---

1 此处中英文书名不完全对应，原版书名为 *You Just Don't Understand*。（书中涉及的书名均依据这样的翻译原则：对于已经引入中文版的书，书名译文与中文版的一致；对于尚未引入中文版的书，书名对照英文直译。）——编者注

坦嫩举了个例子。丈夫和妻子坐在餐桌旁吃早饭，丈夫在看报纸，这时丈夫和妻子对交谈目的的定义有很大区别：

对他来说，交谈是为了传递信息。因此，当妻子打断他的阅读时，他认为她肯定是要告诉他什么重要信息。如果是这样，那么她完全可以在他读报纸前把这个信息告知他。可是，对妻子而言，交谈是为了与他发生联系。言语交流是爱的一种表现，而仔细倾听则代表他关心和体贴自己。在他埋头看报时，她并不是真的有话要说，她只是觉得他全神贯注地看报纸，忽略了自己，所以她有必要与他进行言语交流。

那么，面对这种情况，男女两性会有怎样的反应呢？

丈夫会认为，读晨报对自己来说很重要，也没有损害妻子的任何利益，可妻子不停地打断他，这是对他自由和独立性的侵犯。而妻子觉得，丈夫不和她说话，是不想与自己亲近的表现，这让她备感失望：他不重视自己，他对自己失去了兴趣，他想要离开自己。

那么，男人会交谈吗？当然。可是，他刚下班回家时，他坐在电视机前时，他埋头于报纸或杂志中时，并不是与他交谈的好时机。当以上三种情况发生时，男人的潜台词是："我需要自己的空间。"

如果你想与他好好交流，不妨选择合适的时机。比如，周日下午，当他心爱的球赛正如火如荼地进行到四分之三场时，就不要试图同他长篇大论。与他交谈的好方法之一便是先观察一下他在做的事情。当他在车库里做木工活儿时，你可以对他说："哇，这个看上去真不错！给我讲讲你是怎么做的吧。"这时，你就能引起他的注意。因为你对他所做的事情表现出了兴趣，他很高兴与你分享更多。

如果你确实有什么事要告诉他，吸引他注意力的一个有效方法便是抚摸他。对他来说，你的抚摸具有无穷的力量，能给你们的交流打开一条无障碍通道。当你抚摸他时，你可以告诉他："亲爱的，我有个很重要的问题要问你。不过，你现在似乎正在思考问题，可能还不想说话。不过没关系，我等你，待会儿记得告诉我你准备好了。"

你的抚摸，吸引了他的注意力。你对他的尊重，让这份注意力更加持久。再加上你给了他选择的自由，这几乎可以保证，他会被你俘虏，成为你忠实的听众。

3. 对家庭的承诺和奉献

有时，孩子是讨厌的小家伙，会妨碍夫妻的亲密关系。不过，丈夫与孩子共度时间的长短，丈夫对待孩子的态度，直接影响着妻子对婚姻的满意度。一般而言，当丈夫能够不顾一切陪伴孩子时，妻子会感到很幸福，会觉得自己被人爱着。为什么呢？因为孩子是女性的自我延续。可是，大多数情况下，丈夫忙于养家糊口（稍后我会谈到为何养家糊口对男人如此重要），他在家的时间远远少于妻子的期望。也许当他回家时，孩子早已入睡。他全身心地投入工作中，认为挣钱养家是男人天经地义的事情。

可悲的是，不少男人在家庭生活中参与、付出得太少。他也许认为"那不是我的工作"，也许还没有意识到自己努力成功的动力是什么。甚至有的男人潜意识觉得，她把家里的一切都安排得很妥当，她并不怎么需要我。因此，他有时会感觉自己像个小男孩，无处可去，只能在泥地里徘徊，希望能找到更多的硬币带回家。

倘若你一味指责他，不会有任何好的结果。"如果你在乎这个家，为什么杰克比赛时你没有到场为他加油鼓劲？"

你可以换一种方式："杰克很希望他比赛的时候你能抽出时间去看看，这对他很重要。谢谢！"

如果他听到这样的话，那么你认为下次杰克再有比赛时，他会不会尽量早下班去观战呢？

你不妨想一想，如果你丈夫去岳母家，还没等你开口便主动帮岳母做成了一件她自己无法完成的事，你会有怎样的感受呢？难道不会对你的男人有一种温暖的感觉？

如果你的他能够不辞辛劳地为这个家做些什么，请告诉他你的感受：他所做的事让你多么感激。请记住，男人其实内心里都是小孩。男人想取悦女人，让女人感到高兴。

当男人和女人的三大基本需求发生碰撞时

我们来对比一下男人和女人的三大基本需求：

男人的三大基本需求	女人的三大基本需求
1. 被尊重	1. 爱
2. 被需要	2. 敞开心扉的交流
3. 被满足	3. 对家庭的承诺和奉献

你是否想过，女人的三大基本需求可能会和男人的被尊重、被需要和被满足三大基本需求发生重大冲突？女人想要拥抱，而男人渴望性爱；女人想要交谈，而男人已无话可说；女人想一家人做什么事都在一起，而男人则希望拥有独立的空间。

你不太可能从一个男人口中听到的话：

· 亲爱的，今晚我们可不可以彼此拥抱着，好好聊聊天？

·如果我周五休假，我们就去逛逛街吧，像过周末一样。

·有没有什么办法让母亲在家里多住一周呢？她才来一个月啊。

·我肯定会和你一起去看芭蕾舞剧。我喜欢看男人们穿紧身衣。

分享并不是开启你丈夫心灵的钥匙，这一点很多女性都没有认识到。女人喜欢词语、句子、完整的思想和段落，善于掌控自己的话语、感觉和思想。女人如同劲量电池广告中的那只兔子（Energizer Bunny）一般，精力充沛，可以一直不停地说。与此相反，你的丈夫是只装反了电池的兔子，总是一言不发，沉默无语。

我坚信，婚姻的成败取决于你是否明白对方的需求，并且是否努力去满足这些需求。

作为女人，在与丈夫谈话时，你只要选择合适的说话方式和内容，就完全可以让一切尽在你的掌控中。你的话也许会让身处不顺的他仍然感到快乐和自信，也有可能让他自我封闭，像乌龟一样，把自己的手、脚以及全身都蜷缩在坚硬的壳中。就算你用世界上最粗大的干草叉去戳他，让他前行，他仍然一动不动。因为他完全忽略了你。如果是这样，那么除非你永远离开他，否则他是不会从硬壳中出来的。

“为什么”会成为扼杀你们交谈的凶手

所有的女人都爱问问题，似乎女人就是为了问题而生的。

可是，你知道吗？进入男性心灵最好的方式，并不是问问题。如果你问一个男人“为什么呢”，实际上你已关闭了和他的交谈之门，让他不得不防守。

“什么意思啊？”可能你会问，“我轻声细语地问他一天的工作情况，他也开始讲他中午在公司吃饭时的情况。我想知道更多，所以就问了一句：‘约翰通常都不会同你一起吃饭，为什么今天他和你一起吃呢？’没想到，凯文皱了皱眉头，立马合上了嘴，再也不说话了。我不明白，到底是怎么了？”

当男人开始和你说点儿什么的时候，他很怕自己由于做了某件蠢事而遭到你的奚落。对男人而言，要详细地解释某件事情，真不是件容易的事。而女人是天生的信息搜集能手，总是想知道

> 在沟通中，最重要的是去倾听没有被说出的部分。
>
> ——彼得·F. 德鲁克（Peter F. Drucker）

一切细枝末节，总是问“为什么呢”。这样的问题会让你的丈夫觉得：唉，你是不是认为这件事情我处理得很失败？你是不是觉得我很笨？

“为什么”就像一个开关，能立刻让他闭嘴，一言不发。其实，最聪明的做法应该是，压制住你那种“想要知道一切”的本能。当他和你说话时，你只需专心倾听，并通过抚摸他的手臂等肢体语言传递你对他的关心。如果他情绪很激动，并说了一些出乎你意料的话，你不要因此判断他的对错，千万别说：“真不敢相信，你竟然对我说出这样的话！”当他正努力寻找合适的词语表达他的思想和情绪时，你要耐心点儿，不要马上跳起来对他吼：“哎呀，如果是我……”你如果能听完他的话，就会非常吃惊，你竟能从他嘴里听到如此深沉的情绪：“我觉得自己很失败。我不知道能不能挺过去。我想不明白，我怎么会和约翰说那样的话，真担心我会因此被炒鱿鱼。”

当你备感沮丧的时候，你能想到答案吗？你希望别人对你指手画脚，告诉你怎样做吗？有时候，你是否只是想有一个倾听者，他能专心听你诉说，而你也能通过倾诉让自己清醒一些呢？那么，当你的丈夫向你倾诉时，你也给他这种感觉，做倾听他的“耳朵”吧，千万不要轻易做出评价。

懂得倾听对方的夫妻，往往能一步步走进彼此的心灵深处。他们交流的话题也会从日常琐事升华到分享生命中最重要的感受。这

样的夫妻，会在婚姻中得到至高满足，也会成为彼此的灵魂伴侣。他们会永远在一起。

莱昂和他的妻子就是这样一对夫妻。那时，我在俄勒冈州的梅德福市做一个关于婚姻的研讨会。我的好友佩里·阿特金森是当地一家电台的总经理，他让我在早上 7 点 30 分的时候拨打电台节目的热线，给研讨会做推介。

于是，那天早上，我便一直在听佩里的节目，等待合适的时间打电话进去。佩里正在节目中采访一个名叫莱昂的人，他们讨论了一些关于天气的话题。当我正准备打电话时，佩里对莱昂说："凯文·莱曼今天晚上要举办一场关于婚姻的研讨会。莱昂，你结婚已经五十九年了。你觉得婚姻中最重要的是什么呢？"

"相互尊重。"莱昂回答。

佩里又问了一些其他问题，不过听得出来，莱昂似乎并不完全明白他问的每个问题。

> 沟通的精髓就是同时做到绝对坦率和绝对善良。
>
> ——约翰·鲍威尔（John Powell）
> 《永沐爱河的秘密》（*The Secret of Staying in Love*）

"哦，还有一点，"莱昂补充道，"只戴一个助听器。"

一个助听器？我心里嘀咕着，什么意思啊？我赶紧打电话过去："你好，我想问问莱昂……等一下！你说你已经结婚五十九年了——你没离过婚吧？"

"当然没有。"莱昂笑了。

“你刚才说，‘只戴一个助听器’。请问这和婚姻有什么关系呢？”我问他。

“戴一个助听器，我就不用什么都听到啦。”莱昂回答得很简短。

相互尊重、不要什么都听到，这真是婚姻长久的秘诀。尤其是当家庭中有一位健谈的妻子和一位沉默寡言的丈夫时，牢记这两条非常重要。莱昂和他的妻子已经携手走过五十九年，而他们的婚姻历久弥坚。你和你的丈夫也能成为这样的夫妻。你也能在婚姻中获得无限满足和幸福！

男人私语

用他的语言交流

如果你有和你的男人讲话的冲动和需要，试试下面这些话题：

1. 告诉他，他是一个多么负责任的丈夫。
2. 告诉他，他是一个多么伟大的爸爸。
3. 告诉他，他为了撑起这个家，多么不易。

小测试二 …

你们是怎样交流的?

你与他交流的话题有以下几类：

- 鸡毛蒜皮的琐事
- 可证实的事
- 想法／观点
- 需求／感觉
- 个人的真实情感

你认为下面这些谈话属于上述类别中的哪一类？C 代表鸡毛蒜皮的琐事，F 代表可证实的事，I 代表想法／观点，N 代表需求／感觉，P 代表个人的真实情感。将字母标记在相应的横线上。

____“早上好，亲爱的！”

____“星期三你能一下班就回来吗？刘易斯一家要来吃晚饭，我需要你帮忙才能准备妥当。”

____“我很想念萨迪，我们能再养条狗吗？”

____“今晚我会 5 点到家。”

____“弗朗辛告诉我乔丹参军了，她和她丈夫都对此很吃惊。”

____“我看到电视上在讲乳腺癌，这让我很担忧。我怕有一天我也会患上这种绝症。那你怎么办？孩子怎么办？”

____“明年是我们结婚十周年，你觉得我们是否该存些钱，到时来个特别旅行呢？”

____“你今天怎么样？”

____“今天天气变冷了。”

____“我要带安吉去买件新衣服，她又长大了。”

____“自从母亲去世后，我心中的孤独感挥之不去。我感觉不只失去了母亲，仿佛我自己的一部分也永远消逝了。”

在你们的日常交流中，以上哪类话题是经常谈到的？为什么呢？

答案请参见本书第 284 页。

直抒心语

每逢母亲节，我总是努力地表现。有一年，我的表现让桑德很满意。当时我预订了城里最豪华的度假酒店，价格高得令人咋舌，不过我觉得值。桑德说她很开心，因为她终于可以不用再做果冻了。

在这特别的时候，我很想对妻子赞扬一番，所以告诉孩子们："你们最感激妈妈什么，就在这个时候告诉她吧，她一定很高兴。"

"食物！"我们的第二个孩子克里茜毫不犹豫地说。

真的，其他的她都没说，只说了"食物"二字。

这和我预想的相差甚远，我暗自思忖。我还以为此刻孩子们会说些更有意义的事情。

事后我回想起克里茜的答案时，才发现这是一句对她母亲真实而又贴心的赞扬。那时克里茜十五岁，正是长身体的时候，她还是校队的运动员，每次从学校训练完回家，总是饥肠辘辘。桑德的厨艺高超，克里茜之所以最感激妈妈做的饭菜，是因为当时这是对她最重要，让她印象最深刻的事情啊！

那也正是你的男人最想从你那儿听到的话——你对他的赞扬。不过，你要想让他听着舒心，还得用他的语言和他交流。

1．让他排排毒

当他下班回到家中，你不妨给他几分钟甚至半小时的时间，让他“排排毒”，把体内的不顺和压抑都释放掉。之后，他便会有足够的精力和你谈论任何话题了。踏进家门后，他真正想做的第一件事就是去卫生间。他需要时间减压，而最理想的地方莫过于卫生间，那里没人会打扰他。

特别是已为人父的男人，下班回家前都需要减压放松。这就是为什么我建议男士们，在压力颇大的日子里，可以选择合适的唱片或音乐电台听听，在舒缓的乐曲中获得平静和安宁。

我认识一对夫妻，他们在结婚后的十五年间，曾两次改变相处之道。还没孩子的时候，夫妻二人都有全职工作，他们达成协议，每天回到家两人都有各自的“宁静半小时”，半小时后再开始讲话、做饭等。有了孩子后，他们改变策略，丈夫在工作压力很大的日子里，下班后可以晚半小时再回家。在这半小时中，他可以逛逛公园，散散步，当他把所有工作

> 人们的交谈方式能改变吗？是的，某种程度上可以。不过，问这个问题的人，很少会想改变自己的谈话方式。通常他们想的是，让对方改变好了。
>
> ——德博拉·坦嫩

上的问题都抛到脑后时，再驱车回家。这样等回到家中，他便能将所有精力都集中在家庭里。

他们的孩子，现在一个三岁，一个五岁。每当丈夫踏进家门，两个孩子便立刻扑上去，大声叫着“爸爸”，争先恐后地想得到他的关注。

2. 女士，请拣重要的讲

请记住，男人想说的是“女士，请拣重要的讲吧”。当你向他叙述你的郁闷经历时，那些细枝末节、鸡毛蒜皮、谁什么时候说了什么以及中间的各种曲折，都不是他想知道的。他需要的仅仅是事实：

- 你很郁闷；
- 你今天与 X 谈过话；
- 谈话的要点；
- 你希望他做些什么（如果有的话）。

你如果很想与人分享其中的曲折细节，就去找你的闺密吧。不过，如果这件事情与你的男人或家庭有关，那么请先告诉他，再告诉你的闺密。

3. 有话请直说，不要兜圈子

男人属于头脑简单的一类人，说话都很直白，有什么说什么。可能这就是为什么男人常常被女人的话弄得晕头转向，不明白她到底要说什么。

就拿我们家最近的一次对话来说吧——别忘了，桑德和我结婚已经三十八年了。

当时，我、妻子还有几个孩子坐在餐桌旁准备吃晚饭。那晚的主食是烤猪排和苹果酱，是我的最爱。还没开饭，诱人的香气飘来，我早已垂涎三尺。

祷告完毕后，我立刻对桑德说："亲爱的，把苹果酱递给我一下好吗？"

她停顿了一下。"噢，你不会想吃苹果酱的。"

我皱了皱眉。"为什么不会？"

"嗯，"她缓缓地说，"因为它太甜了。"

呃，我开始在心里犯嘀咕。如果我不想吃，为什么还会让她递给我？如果它味道不好，为什么她会把它摆在桌上？假如这苹果酱是买的，还可以用"太甜"当借口，可它是我们家自制的啊。

在我们家，所有的甜品都是自己做的，保证原汁原味。用我妻子的话说，商店里买的现成甜品都是"有毒"的撒旦食物。

所以，桑德的话到底是什么意思呢？我想，可能有两种解释：

第一，她想说，你太胖了，所以不能再吃苹果酱了；第二，她是我们家掌勺的大厨，那天做饭的时候失手放多了糖，怕我们吃着觉得味道不好。如果是这样，依桑德的性格，她是不会把一道失败的菜肴端上桌的。

女性朋友们，你们明白我的意思吗？男人经常绞尽脑汁，痛苦地揣摩女人的话里到底隐藏着什么含义。

> 交流并不仅仅是说话，交流的目的是让对方能接收到你的信息。
>
> ——无名氏

我们家有这样一个传统。之前，孩子们一直抱怨我的品味太奇怪，他们很难买到令我满意的东西。有一年，我终于受不了太多的抱怨，做了一个决定。我决定，每当感恩节前，我就自己去商店里逛，给自己买圣诞礼物——毛衣、须后水、衬衣、皮带、古龙水等，价格不等、品种多样，只要我喜欢，就先买回来。感恩节那天，“爸爸的店”正式开张营业，大伙聚齐，（当然是孩子们）抽签决定谁先进店买东西。“爸爸的店”就开在家里的客厅，以沙发、凳子为展柜，店里唯一的规则是，为了公平起见，每人每次只能买一样东西。

从那以后，“爸爸的店”在每一年感恩节都按时营业，孩子们松了一口气，他们再也不用费尽心思地上街为我这个品味奇怪的人买礼物了。不过，上一个感恩节，我的店里竟然有一样东西无人问津，那是一件V形领的红色羊毛衫。这件羊毛衫是我好不容易从商店里抢购到的，我还以为它在“爸爸的店”里也会热销呢。不过，直到最后，似乎也没人对它感兴趣，所以它便一直被放置在我家客厅。

圣诞节前夕，当地的女性教会组织要举办年终午宴，邀请我参加并发言。那天，我对妻子说：“亲爱的，到这儿来一下。”“这儿”指的是客厅，因为那件羊毛衫仍然搭在沙发上。“你喜欢这件羊毛衫吗？如果我穿着它去参加午宴，你觉得怎么样？”

桑德看都没看我，边走边说：“嗯，圣诞节你也需要一件新羊毛衫。”

我想世界上没有哪个男人是因为圣诞节而需要件新羊毛衫的。我们中的很多人每逢过节，都会收到不少这样的礼物，它们被放在衣橱里、塞在床板下，可我们从来不敢把礼物退还，因为害怕伤害别人。

我又问了她一遍：“你喜欢这件羊毛衫吗？”

她仍然不看我，说：“你就穿上吧。”

这个问题我问了她两遍，第一遍她的回答是圣诞节我需要新羊毛衫，第二遍她的回答是我可以穿这件衣服去参加午宴，可是这两个回答都不是我想要的答案。我只想听到她回答，她到底喜不喜欢这件衣服。

如果她回答我，“我不喜欢它”，那么我可以把它退掉，还能拿回七十美元。这没什么大不了的。我只想知道答案。

桑德的回答被我称为典型的女人回答方式。她不会直截了当地说：“亲爱的，我不喜欢这件羊毛衫。”

请不要拐弯抹角，有话就直说吧。

那件羊毛衫后来怎么样了呢？我把它退掉了，因为我不是一个铺张浪费的人，不愿意把仅仅穿了一次的衣服束之高阁，我不想要也不需要这样的衣服。我想要一件能穿很久的衣服，而且希望我的爱人看见我穿这件衣服会很高兴。她为什么就不能直接告诉我她不喜欢那件羊毛衫呢？

当男人问类似这样很直接的问题——尤其是关于衣服时，他期待的是直接的回答。所以你想说什么就直说吧，这样也能让你远离烦恼。

只要在超级杯橄榄球决赛进行时，你不这么说就行了。

你说："想停车吃点儿冰激凌吗？"

你的意思：我好想吃个三球的奶味圣代，上面还有樱桃的那种。不过，虽然我最近有点儿胖，可我不想让你觉得我胖得像猪。

他说："我不吃，谢谢。"

他的意思：我现在不饿，也不想吃冰激凌。

于是你开始想：真是笨蛋！我现在很想吃冰激凌。如果他不改变主意停车的话，那我就……

你说："那个东西可爱吧？"

你的意思：喂，我在想，把它摆在我们房间哪儿合适。放卧室里？算了，那样会显得比较拥挤。要不放门厅里吧，肯定很好看！

他说："呃……"

他在想："嗯，不错，看样子她想买这东西。不过，我们家里的东西是不是太多了？"

于是你开始想："唉，他不喜欢这东西。我刚想到一个放它的绝佳位置。好吧，那我再想想买点儿别的，不然那个地方太空了。"

当他问你问题的时候，他希望你能直截了当地告诉他你的想法，不绕圈子，不让他费尽心思地去猜测你话里的意思。

再举个我们家的例子。

桑德看起来总是那么漂亮，她在每个场合都穿着得体。我们去旅行时，她总是抱怨行李带少了，可是光是她的鞋就塞了满满一行李箱，因为她坚持不同的衣服必须搭配不同风格、颜色的鞋。

作为一个"真爷们儿"的男人，我对穿着只有一个要求：内裤每天换，至于外衣，穿个五天七天是没问题的。每次同孩子们外出吃饭时，我两秒钟就准备好了，因为我不用换什么衣服。

桑德的准备时间就要长些了。当她看我身上穿的衣服时，她通常会瞥我一眼，你清楚那种表情。准确地说，她瞥的是我的裤子。

凭和她相处多年的经验，我完全知道此时她在想什么，甚至能看到她脑海里闪现的字眼：他穿着这样的裤子，我该不该说些什么？说了会有用吗？让我想想……我们要去的是什么样的餐厅？如果是高档餐厅，我就得说点儿什么。如果是一般的家庭式餐厅，那他这样穿也还行。

最后，她想出一句话："亲爱的，你这条裤子穿了有多少天了？"我立刻心领神会。我得回去换一条，这样才算穿着得体。虽然我敢保证，那个餐厅里，外裤穿了五天七天的男人不在少数。

有时候，孩子也会责备我（不知道他们是从哪儿学的）："爸爸，你真要穿成这样出去吗？"

我会回去换衣服，因为我想尽我所能让家人高兴。

不过有一次，我搞砸了。我穿着家用拖鞋、短裤、T恤，戴着一顶棒球帽，出现在女儿的学校里。十三岁女儿愤怒无比的表情本应该让我觉察出自己做了件大错事，不过我是个男人，有时候我可能对这些事一无所知。她当时直接告诉我了吗？没有。

一回到家，桑德就开门见山地说："以后，你再也不要穿成这样去女儿的学校了。这对你的女儿很重要。"

于是，我明白了。这次，我不用再费劲琢磨，因为她直截了当、简明扼要地告诉了我，没有绕很多弯儿，也没有让我觉得自己像个笨蛋。

此后，我再也没有以这样的穿着出现在孩子们的学校里。

你看，男人真的很迟钝。不过，男人有很强的可塑性。男人想让女人高兴，因为男人在内心深处都是孩子，而女人是那么的神秘，让男人敬畏，是男人生活的中心。

4. 当他做了蠢事后，你该怎么做

（1）让他一个人待会儿。

（2）和他说话时，轻轻抚摸他。男人很喜欢身体接触，尤其是被自己心爱的人抚摸，这样他更容易将注意力集中到你这边。这时，他内心小男孩的一面会说：“噢，她的手放在我的手臂上，看来虽然我做了让她不高兴的事，可她还是喜欢我的。”

（3）与他眼神交流，让他放下防备，并且说一些类似这样的话：“亲爱的，也许我的想法是错的，可是……”首先声明你的想法可能有不对的地方，这样会让他平静放松，而不会生气动怒。

（4）接着，跳过铺垫，直接切入正题：“中午吃饭的时候，你对你妹妹说的话也许是无心的，但那可能会让别人对你产生误解……”然后给他说说别人（或者是你，如果他说过让你受伤的话）会有怎样的想法。请记住，作为女人，你对各种“人际关系”看得比他更清楚。

（5）当你告诉他，他做了某件错事时，语气要温柔一点儿。千万不要大吼：“你到底怎么搞的，你把一切都弄砸了！你到底怎么回事？我真不敢相信，中午吃饭的时候你竟然会对你妹妹讲那些话。连邻桌的人听了都翻白眼了，太让我尴尬了。你……”这样只会让他把自己藏进坚壳中，再也不出来了。

你不妨想一想，如果你做了错事，你希望他怎样对待你。然后，给他同样的谅解和尊重。人与人相处的黄金法则是“己所不欲，勿施于人”。

第二章

在他内心深处，他永远都是你的小男孩

“就把我当成一个每天都会刮胡子的四岁小孩。”
为什么他总是一个长不大的小男孩，
而你也不想让他长大？

“你为什么就不能有个成年人的样？”

“唉，你能不能长大点儿！”

七年级的女生们双手叉腰，训得一群七年级的男孩无处可避。她们认为男生的所作所为非常愚笨，可是，男生一直就是他们本来的样子。

从生命的一开始，男孩——无论年龄多大——始终是男孩。当他们开着玩具卡车时，他们嘴里会发出“呜——嘣嘣嘣嘣”的怪叫。他们还经常飙车。他们喜欢吹口哨，喜欢随地吐痰。当遇到喜欢的女生时，他们总是戏弄对方。他们在餐桌前大声打饱嗝，仅仅是因为好玩。至于另外一些他们努力制造的怪声，我在这里就不一一列举了。

他们在幼儿园时，总是在对话时相互挑衅。

“我爸爸比世界上任何一个人都要高大。”

“是吗？那我爸爸比你爸爸还要高大。”

“哼，你这样认为？那么，我爸爸……”

这样一群男孩子，你觉得他们长大后会怎么样？

他们仍然会大摇大摆地走路，他们骨子里那种冒险元素有增无减。举个例子，有个开卡车的男人，他在车的后窗上贴着用黑色粗体字写的字条——“警察都是骗子”。

我的一个朋友曾说：“男孩子长大期间，他们的男性激素不会有任何变化，因为他们从未真正长大。”

在每个男人的内心深处，他都是那个曾经的小男孩。

你的大男孩

我妈妈讨厌帮我洗衣服，当然，这不能怪谁。有一次，她把手伸进我的短裤口袋，被什么东西咬了一口。

“凯文——”她大喊道，“你马上给我下来！”

听她叫喊的语气，我还以为有谁死了。于是，我小跑下楼。“来啦，妈妈，出什么事了？”

“你裤子口袋里有什么东西？”

我费力地在牛仔裤口袋里掏了半天，摸出一只小虾、一只蟋蟀、两条蝾螈，还有一只蚱蜢。“这是鱼饵，”我骄傲地告诉她，“你忘了吗？我今天去钓鱼了。”

估计妈妈想掐死我，不过她是个很有耐心的女人（我总是在挑战她的最大忍耐程度）。她说：“好吧，但是下次你钓鱼回来，能不能把虫子以及所有黏糊糊的活物全部从裤兜里清理干净，再把衣物塞进洗衣袋？”

后来，我经历了一段特殊时期。当时，看着自家的狗每天吃得津津有味，我忍不住想：这狗饼干到底是什么味道？糟糕的是，后来我发现这狗饼干味道还真不错。更糟的是，为了能有更多机会品尝这种味道，我常常做出一些蠢事，对此我却深感自豪。

我妈从来不上当，不过有人偶尔会被我骗到。有一年圣诞节，一位女士听了我在电台发表的演说后，给我寄了一盒奶味结骨牌的狗饼干。如果这东西是在我小时候被发明出来的话，我就会不想吃晚饭。

男人曾经都是小男孩，所以当他们自己的小孩做了这样的恶作剧，他们会深表理解，并一笑置之，不会因为孩子有这样奇怪的嗜好而悲伤大哭。

虽然你的丈夫已经三五十岁，但这并不意味着他内心那份闯祸的天性已经消失了。只是随着年龄的增长，他稍微能够控制它而已。不过有时候，男人仍然会做出一些无厘头的事情，让妻子大吃一惊。如果你今天给我一块狗饼干，而我心情又很好的话，我可能还是会吃掉它。

男孩就是男孩

男孩从来没有真正长大。

这就是为什么当你丈夫的哥们儿新买了辆跑车后，他们会立刻开出去兜风，直到三个小时后，两人才咧嘴笑着回来，而此时你炖的肉都快烧干了；这就是为什么他下班回家后，对你说的话嘟囔应付后，立马能花上一小时与他的好哥们儿在电话里滔滔不绝地探讨电脑游戏《使命召唤 2》（*Call of Duty 2*）的攻略；这就是为什么他从来都看不见家里漏水的水龙头，却能在百思买（Best Buy）网上及时发现新出的 DVD；这就是为什么当看见邻居家里的院子换了新栅栏后，他跃跃欲试，想给自己家也换一个。

每个男人的灵魂深处，都有与生俱来的“想成为第一的冲动”。

你如果对这一点表示怀疑，就去听听小男孩之间和小女孩之间的对话。

小男孩：

“看，我能这样！”

“好吧！可我能荡得更高。”

“那我能在单杠上倒立。”

“我也可以。不信比比看！”

小女孩：

“我们今天是玩吃饭的过家家游戏，还是玩上学的过家家游戏？”

“嗯，我们玩吃饭的怎么样？”

这群女孩彼此看了看，一个也没落下。

“拉歇尔，你觉得呢？”

“当然可以，我们开始玩吧！”

“埃米，你呢？”

仔细对比这两组对话。在男孩的对话中，有没有什么字眼是经常出现的？女孩的对话里呢？

男孩都有想成为第一的冲动，这意味着其他人都是第二。他们常常会用“我”。“看，我能这样！”另一个小男孩的回答表现出了他们爱挑战的天性：“不信比比看！”男孩会为独立随时随地做好准备，而这种想要独立的倾向会随着年龄的增长变得越发明显。

相比男孩而言，小女孩更属于“关系型”，她们在谈话中常会使用“我们”或“你”这样的字眼。她们集体做出决定，并确保群体中的每一员都能接受这样的决定，然后再开始下一步行动：“拉歇尔，你觉得呢？”“埃米，你呢？”

所以，在婚姻中，女人在处理对自己很重要的事情时，总想知道丈夫对这件事情的看法。可你需要明白的是，并不是所有你认为重要的事情，在你丈夫眼中也同样重要。有时，男人对某些事情给不出任何看法，因为这些事情在男人的轻重缓急等级表中所排的位置并不靠前（详见第三章）。还有一些时候，当女人询问男人的观点时，男人的思维正集中在另外一件事情上，也许他的脑海里正忧虑地翻腾着：如果在工作上放弃那个项目，可能会被炒鱿鱼，如果被炒了鱿鱼，那房贷怎么办？车贷又怎么办？因此，你所感兴趣的事情，虽然对男人也重要，但是与男人内心里想成为第一的冲动比起来，就要稍逊一筹了。

是不是男人对女人说的事情都漠不关心？当然不是。只是男人与生俱来具有竞争的天性，有想成为第一的冲动，和这个比起来，其余的事情都苍白无力。这就是为什么女人认为很重要的事情，男人可能早就抛之脑后了。

在这个充满竞争的世界里，男人有一股很强烈的自我驱动力，想要和别的男人去比赛、去竞争。

竞争——问题的实质所在

比如，就开车来说，我和妻子桑德的想法大相径庭，而这只是众多例子中的一个。

当她所处的车道行车速度缓慢时，她从来不会想着去变换车道，快速地超越过去。她会耐心地等着，一点一点往前挪。

而我呢？哪怕所在的车道只有半个车长的空隙，我也会设法快速挤到另一个车道上，看看能往前开多远。有时我甚至还会和最里侧车道的那辆蓝卡车比赛，看看我能否超过它。而且隔着一个红绿灯的距离，我就能看到那个四缸发动机汽车挂的是残疾人专用车牌。

有一次，桑德开车到单位接我一起去吃晚饭。在一个红绿灯路口，她所处的右车道堵了一长串汽车，而且前面排着一辆垃圾卡车和一辆公交车。

我迅速往旁边的车道瞄了一下：中车道上只有两辆跑车；左车道有三辆小货车，估计行驶也会比较缓慢。这样看来，中车道绝对是个不错的选择。

“嗯，桑德，你可以换到中间那条车道上去。”

“我对自己目前所在的位置很满意。”她说。

于是，她继续等在那里——行驶在可能最缓慢的车道上。

我内心男性竞争的原始冲动终于爆发了。“在这条车道上，你永远也别想赢！”我冲她大吼了一句。

她看了我一眼，那眼神就是那种妻子常送给丈夫的眼神。接着，一句经典回答从她口中说出：“你在说什么啊？”

这一切都归结于一个事实——男孩是天生的竞争狂。他们要什么，都会不惜一切去争取，必要时，甚至会和别人争得头破血流。

你如果对我的观点表示怀疑，认为这是我对两性差异的成见，那么可以去观察一下两个男人打网球的情形，再和两个女人打网球的情形（当然，奥运会比赛除外）做一下比较。你很快便会看出端倪。每个男人的内心都有竞争的需要。

那么女孩呢？她们则不同。我曾担任过女子篮球队的教练。在那段时间，我很快就知道了不能对女孩大声训斥，甚至说话时声音都得放低些，否则便会面临眼泪攻势。

一次训练的时候，有个女孩边哭边躲闪，嘴里还抱怨着什么，我以为她的手腕或手臂受伤了，赶紧跑过去。结果，她泪眼蒙眬地对我说：“教练，我的指甲受伤了。”

还有一次，比赛已经开始了，可只有四个女孩到场。我很吃惊，于是问：“布里塔妮去哪儿了？”

“她还在洗澡，正哭着呢。”一个女孩回答。

女孩们经常成群结队地聚在一起，讨论谁最受欢迎之类的关系型话题；而男孩们争论的常常是谁赢了决赛。不论是玩大富翁（Monopoly）游戏，还是打篮球，男孩们常常都想成为第一。

他们长大后，就开始比谁挣的钱多，谁的办公室大。

因此，当一个男人觉得他在竞争领域失去了一席之地时，他会非常难过。比如，当遭遇中年危机或失去稳定的工作时，他会觉得自己很没用。当感觉自己在家里不受重视（详见第六章），或觉得你并不需要他时，他会很受伤。

这些话，男人很期待，可他们大概永远不会从女人口中听到：

· 我的鞋已经足够啦！

· 嗨，亲爱的。今天我给有线电视公司打电话，在我们的卧室里又装了一个接口。我还预订了全美职业橄榄球队和火箭队比赛套餐，希望你不要介意。这样你就可以舒服地躺在床上尽情看比赛了。

· 我很希望你和你的那帮哥们儿能常聚聚。只要你觉得高兴放松，我就开心。

· 你买的草坪拖拉机太酷了，周围邻居家里的都没有这个大！

这些话，女人很期待，可她们几乎永远不会从男人口中听到：

· 这个月我们的性生活已经够了。今晚我们能不能只是相拥着看一部浪漫的电影呢?

· 亲爱的，我知道这个问题很难回答，不过我还是想问一下。有没有什么方法能让我说服你妈妈，让她在我们家多住一段时间呢? 六个星期实在是太短了。

· 你就在床上躺着，好好休息。照顾孩子的任务交给我好了。

· 我知道橄榄球联赛冠军总决赛在我们结婚纪念日那天。不过那晚我压根儿不想和那帮哥们儿去看比赛。在我心里，你永远排在第一位。

在男人心里，什么都是越大越好

对男人来说，重要的不是事物本身，而是事物的大小。所以，当邻居家买了只小船时，你的丈夫就迫不及待想买艘快艇。当得知同事每周一和周五晚上去健身房锻炼腹肌时，他就会想方设法挤出时间每天晚上去健身。

也许你会对男人这种心血来潮的做法不屑一顾，不过，这确实由男性竞争的天性所致，而且这种精神会影响他们所做的每一件事情。

肯、吉姆和杰森是“烧烤好哥们儿”（他们的妻子这样称呼他们三个人）。一年夏天，他们聚在一起想出一个主意：找一个初秋的周末去钓鱼。

在手机备忘录中记下这个计划后，他们又立刻转向其他话题。

秋天来了，在钓鱼的前一天，三人一起制订出一个详细计划。他们的妻子在一旁看着，被他们想出的菜单逗笑了：

早餐：牛排

午餐：鸡肉

晚餐：鱼肉（他们坚信钓鱼肯定有收获，所以没人提前买鱼肉）

> 婚姻是一所学校，让我们学会如何体谅对方，如何和睦相处，如何一起前行，以及如何在互补中获得更多力量。
>
> ——H. 诺曼·莱特（H. Norman Wright）《婚姻的四季》（*Seasons of a Marriage*）

菜单中没有水果、蔬菜和其他任何零食。三人带上了纸盘，却没带刀叉、勺子和杯子。他们要去的地方远在山林深处，可他们压根儿没带卫生纸。女人们暗地里纳闷，不知道丈夫们会如何度过这个周末。

两天半后，他们回来了。全身都是泥巴，头发乱蓬蓬，浑身上下散发着一股鱼腥味，不过每个人都像孩子一样，举着手中的战利品，笑容满面。

肯的收获最大，他捉到一条长 50 英寸的大梭鱼。其他战利品都被他们烤着吃了，唯独肯用塑料袋把这条大梭鱼和冰块一起包着，带回家与他的妻子安德烈娅分享。他像个孩子般，兴奋地把战利品展示给妻子，他妻子惊得目瞪口呆（当然，鱼腥味早已钻进了她的鼻子）。

三周后，肯拿着一个大盒子回到家，对安德烈娅说："看看这个！”

盒子里是大梭鱼的鱼头，嵌在一块纪念牌匾里，鱼的嘴巴里还衔着鱼饵。

“这个很酷吧？”肯说，“我简直等不及要把它挂起来了。”

猜一猜他想把它挂在哪里？卧室里，床的正上方！

安德烈娅的脑海开始翻腾。她无法想象每天早上醒来，看见大梭鱼在墙上直盯着她。她强忍着没说出这句话：“嗯，把它放在垃圾桶里如何？”因为她不想打击肯那男孩般脆弱的心灵。

她很巧妙地说：“你知道吗，我想了很长时间，我们应该把没完工的地下室装修成展览室，给你和你的那帮哥们儿使用。你觉得怎么样？把大梭鱼放在那儿肯定特别棒，这样你们会永远记得一起钓鱼的快乐时光！”

真是个聪明的女人！安德烈娅清楚地知道，对她的大男孩而言，战利品很重要，战利品的大小更重要。在同其他男人的钓鱼比赛中，肯拔得头筹。安德烈娅的回答让她的大男孩感觉到，他认为重要的事情，对她也同样重要。而且，她小心地避开了直接讨论将鱼头挂在床上方这个话题。

安德烈娅处理此事的方法，让她的大男孩得到了巨大的满足。因为她知道，在男人心里，什么东西都是越大越好。

征服者

公主和征服者综合征：绝大多数女孩都渴望成为公主。她们梦想着有朝一日，英俊潇洒的白马王子带着自己去梦幻城堡，从此以后，她们能彻底摆脱现在的日子，和王子一起幸福地生活。

可是，她们在现实中常常被“征服者”这样对待：“我掌控着我的命运，以及你的命运，你必须服从我的统治。”或者被“粗野洞穴人”对待：“你是女人，我是男人，你是我的。你马上给我到洞里来！”

每个女人在和她的男人相处的日子里，可能都有过这样的经历：

男人握着方向盘开车。

女人坐在副驾驶的位置上，强迫自己保持耐心。

可当他们绕着同一条街区行驶到第四次的时候，女人终于忍不住开口了：“亲爱的，我们会不会迷路了啊？”

“没有，没有，”男人信心百倍地说，“马上就到。”

十分钟过去了，他们还在兜圈子。

“亲爱的，要不我们问问别人吧。”女人建议。

“不用！”男人立刻强烈反对，“我自己能找到。我们马上就到了。”

请注意男人说话的语气。为什么他如此激动呢？

找不到路时，询问别人是再正常不过的了。消耗很多冤枉时间和汽油，不是浪费吗？

让我们从男人的角度来看看这个问题吧。男人从小开始，在骨子里就想成为征服者。这就是为什么他对向别人问路这个建议一点儿也不感兴趣。

在他看来，你提议向别人问路，话里的意思是，“唉，亲爱的丈夫，我觉得你已经完全迷路了，你却硬撑着不承认”。

在任何事情上，哪怕是他最不擅长的事情，男人都不想让别人认为他无能。征服每件事情是他与生俱来的欲望，他相信自己能摆平一切。所以，让他自己去解决，他不想要任何帮助（包括你的帮助）。

你的男人不仅凡事都要与人一争高下，更想成为一名征服者。

下一次，当这样的情景再次上演的时候，当你们又在同一条路上兜圈子的时候，你要告诉自己：让他尝试一下成为征服者的感觉，就算要多花一点儿时间，就算会迟到一会儿，又有什么关系呢？可能你会有点儿不耐烦，但不妨从长远角度考虑一下。让你丈夫去尝试，即使他会失败好几次，最终你们还是会到达目的地，而他成为征服者的心态也得到了满足，你俩都会更高兴。

当然了，要是你的男人不在车里，你和你的闺密完全可以停无数次车去问路，这一点儿问题也没有。

每个男人都想成为征服者。这就是为什么充满紧张刺激的快节奏生活对他们来说很重要。这也是为什么男人总喜欢握着电视遥控器不停换频道，即使飞快变换的频道和人物使你眼睛都看花了，他们也乐此不疲。

男人的征服性还有另外一个特点。

一旦他完成了一件事情，在他眼里，这就是一劳永逸的。举一个例子。男人和女人结婚三年了，常为了一些问题争执不休。

“可是，亲爱的，”妻子可怜地说，“你已经三年没有说过你爱我了！”

男人的反应是什么呢？他困惑地皱起眉头，直白地说：“当初我们结婚的时候，我说了我爱你，这一点儿都没变啊！”

在他看来，当他完成了仪式，从婚礼拱门处接过妻子的手时，他便攻克了结婚这个堡垒。接下来，还有下一个堡垒等着他去攻克——得到一份高薪的工作，让他的小家庭能有更高质量的生活。

千万不要误解你丈夫这种单一的注意力，这并不意味着他忽视了你（除非你们的关系中出现了严重问题，让他选择逃避）。你要知道，你的征服者每次只能攻克一个堡垒。而且有时候，他需要你的帮助，让他能调整、拓宽他所关注的范围（这一点下一章中有详细论述）。

小测试三 ...

为什么男人不愿意停车问路？

A. 因为马上就到了。

B. 因为他想靠自己。

C. 因为他知道方向。

D. 因为他不想让别人帮忙。

E. 因为他还不急着去厕所。

F. 因为他觉得自己能找到。

答案请参见本书第 285 页。

渴望取胜

男人早上一醒来都会想：我必须要赢。从双脚踏上地面那一刻开始，就是一场暗地里的较量，谁能先到那儿，谁工作最卖力，谁做得最快最好，谁就是赢家。而这个人，必须是自己。

虽然昨天他赢了，但那并不意味着什么。今天、明天以及以后的每一天，他都要当赢家。

你的男人清楚地知道，在当今社会，输家不会有一席之地。他怕公司裁员，担心自己会被降级，不想自己薪水减少，那会给你们整个家庭生活带来负面影响。

他马不停蹄地向前奔跑，是因为他认为生活充满了变数。公司老板大笔一挥，他的生活可能就会天翻地覆。在如此激烈的竞争中，他只有做到最好，工作业绩达到最佳，拼命多还些房贷，他才能感到相对安全。

他不得不赢。这个想法已根深蒂固地体现在他所做的每件事情中。

“我想要它，现在就要！”

必须承认，有时候，男人只是一个外表成熟的红毛小子。男人渴望得到“即时满足”，赞扬和奖赏对他很重要。

一周前，在书店签售新书的时候，我碰见了一位女性读者。她等了很久，直到人群散去，才走过来对我说：“莱曼博士，你所有的书我都读过。我想告诉你，你的《乐谱》(*Sheet Music*) 这本书改变了我的生活，也让我和丈夫的关系有了很大改善。从结婚起，我们就因为性爱的事吵个不停。我对自己的身体一点儿都不自信。你的书让我们十七年来第一次享受到了性爱的快乐。我想谢谢你。”

“哇，”我告诉她，“我简直感觉自己像一只被四磅[1]重的鱼砸中的海豹。这就是我写作的目的！”一个女人的几句赞扬，对我这个作者兼男人来说，无异于整个世界。

为什么这几句赞美如此重要呢？因为它让我清楚地知道，自己

1　1磅=0.4536千克。——译者注

的工作很重要。对于一个男人而言，这也意味着自己得到了别人的认可。在男人看来，他的工作就是他自己。

对女人来说，情况就不一样了，她的工作只是她生活的一部分。在第一章，我曾举过一个例子，两个女人在晚宴上相识聊天，虽然两人都是职业女性，可在她们的整个聊天过程中，工作这个话题压根儿就没被提及。这个例子表明，即使是职业女性，即使她挣的钱比她丈夫多，在她的生活中，工作的优先级也并不高。

如果把女人的一天比作一个蛋糕，那么工作只是其中的一块。所以，在工作间隙或在午休时，她会抓紧时间打电话给医生预约看病，打电话给芭蕾舞老师确定上课时间，还会上网去买玛丽·简（Mary Jane）牌的红鞋子作为女儿的礼物。

男人生来喜欢竞争，想成为征服者，渴望赢，所以他们希望得到一种即时满足感。刚完成一个项目，他会迫不及待地想与你分享，想告诉你老板是如何表扬他的。

那么男人该不该常常获得“即时满足”呢？不行！否则他就会像得到了一切的小孩，快乐得飘飘然，得意得忘乎所以。

不过，聪明的女人应该懂得，男人总希望立刻得到他想要的东西，如果他在你那里总得不到满足，他便会转向其他地方寻求这种感觉。

和这个大男孩打交道，常让你有些崩溃。他就像粗野的洞穴人，总想着去竞争、去征服、去占有。这个时候，你不妨换个角度这样想想：如果他没有这么喜欢竞争，那他当初怎么会有勇气追求你呢？如果他没有这么自信狂傲，你当初怎么会嫁给他呢？

所以，你应该高兴。在他眼里，你是最有价值的奖品，所以他才会不顾一切地去追求你！你是他心中的金牌！

他生命中的另一个女人

在你丈夫的生命里还有另一个女人，而且她一直在那儿。

通常，你丈夫的言谈举止都深受这个女人的影响。这个女人就是他的母亲。

他的母亲曾是个怎样的女人，他就会是个怎样的男人。

“你是说父亲吧？”你也许会问。

“不是，”我会回答你，“我说的是母亲。”

我从事心理学研究多年，也与成千上万的男性女性交谈过。我坚信，父亲对女儿的成长有很大影响，而母亲则对儿子的成长有很大影响。这种跨性别影响，会给子女的一生留下难以磨灭的烙印。

我是在一个不完美的家庭中长大的。我爸爸是个酒鬼，我和他的关系并不好。事实上，有好多次，我甚至希望他离开我的生活。当我长大后，情况有了改变。随着对父亲的了解加深，我开始慢慢理解，他的童年对他产生了怎样的影响。他出生在一个爱尔兰天主教家庭，家里很穷，兄弟几个总是轮着穿一件衣服，因此兄弟们常说："第一个人穿的衣服最好。"

在我的成长过程中，我始终与母亲较为亲近。即使在年少叛逆的那几年，我也仍和母亲无话不谈。我知道她爱我，不论别人怎么说，她都始终相信我，在她心中，我始终是最好的。

小时候，我是学校里最愚笨的孩子。直到高三，我还在学消费数学课，在这门课上，你会遇到这样的问题：南希拿着一美元去商店，她买了四个苹果，找回了十六美分，那么她在商店里花了多少钱？学习这门课的目的是让我毕业时能顺利地在百货商店里买到东西。

有一年，甚至因为我，一位老师在学期中就被调离了教学岗位。直到今天，我对这位女老师仍深感内疚。我曾试过几次去联系她，想当面给她道个歉，可是一直没能找到她的联系方式。

那么简单的消费数学课，我都没法修完；拉丁语课，我三次不及格；化学课，我从来都没学过。

那时候在别人眼中，凯文·莱曼以后肯定一事无成。

成年后，有一次母亲告诉我，在我小时候她常常祈祷："请保佑凯文这次成绩单上能有个 60 分，那我就满足了，这至少可以证明他还是能有点儿进步的。"上学的时候，母亲去学校的次数比我还

> 爱使人乐观。
> 爱使人顽强。
> 有爱就有希望。
> ——斯图尔特，吉尔·布里斯科
> （Stuart and Jill Briscoe）
> 《爱无处不在》
> （*Living Love*）

多，她一遍一遍地去找各位老师，而老师们总是摇着头说："如果凯文能……"

在生活中，母亲的压力很大。当时我们很穷，甚至连车都买不起。父亲倒是有一辆小货车，不过是整个车里只有一个驾驶座位的那种。我还记得我坐在干洗衣物的袋子上，和父亲一家家去送货的情景。我们的房屋很简陋，还是一个婶婶送给我父亲的。

当父亲的生意深陷僵局的时候，母亲挑起了家中的重担。她找了一份全职护士的工作，这样我们一家才能维持温饱。她工作很辛苦，常常要通宵在医院轮班。早晨7点，母亲踏着两英尺[1]厚的积雪朝家里走，这成了我记忆中最深刻的画面。

由于父亲母亲都要上班，小时候的我就成了脖子上时常挂一串钥匙的小孩。其他小朋友的家庭似乎都像电影《天才小麻烦》（*Leave It to Beaver*）里克利弗（Cleaver）一家那样完美，可我每天只能自己回家，自己开门。有一次，一个男孩故意挖苦我，如果我回家的时候我妈妈没在家等我，那就证明妈妈根本不在乎我。听了他的话，我一脚踹在他屁股上。

我爱我的母亲。她当然也很爱我和我的兄弟姐妹。即使工作再累，她也会抽时间和我一起去钓鱼。当我五六岁的时候，我们常步

1　1英尺=30.48厘米。——译者注

行去半英里[1]外的小溪边，每当我钓起一条小鱼，她总是欣喜若狂地祝贺我，仿佛我取得了什么大成就似的。在她的赞扬声中，我感到无比满足和骄傲。也许那时候母亲已预料到，我今后在学习上会很吃力，所以每当我做成一件小事，她总是大声鼓励我，让我不至于丢掉自信。

在我的整个童年生活中，母亲始终是我坚定的支持者。即使全世界的人都认为我是个失败者，她仍不遗余力地相信我、支持我。

大学辍学后，我花了九个月的时间找工作。我很想找一份管理的工作，可唯一提供给我的却是清洁工的工作。那段时间是我生命中的低迷时期，我制服上佩戴的徽章是图森医疗中心（Tucson Medical Center）清洁员的标志——扫帚和拖把交错的图案。我曾试图努力"找到自我"，于是决定去附近的亚利桑那大学（the University of Arizona）上夜校，学习地质学，不过很快就因成绩不及格而被退学。有人告诉我，只要坚持，就会有所成。因此，第二个学期我再次报名去上学，但又失败了。面对连续两次因成绩不及格被退学，我很迷茫，不知道下一步该去往何处。

没想到，在我二十二岁生日后不久，我的生活有了改变。我一边做着全职清洁工，一边又开始上学。

第一个学期结束，我得到了除一个良好外全优的成绩，甚至

1　1英里=1.609344千米。——译者注

还上了学校的光荣榜。当时我看着成绩单，一遍又一遍地自言自语："凯文·莱曼。"我简直不敢相信成绩单上的这些成绩是属于我的！

不久，我得到通知，系主任要我去找他。

我的第一反应是"我没做错什么事啊"（这是我多年形成的条件反射）。我心里忐忑不安，上一次见系主任的时候，他告诉我我得退学。

最终，我还是去见他了。

"孩子，"主任说，"恭喜你获得学校奖学金。你下学期的学费将被全免。"

我差点儿从椅子上跌下来。我——那个不及格的凯文·莱曼——有没有听错啊？

从那以后，我成为一名优秀学生。

我的成功都应归功于我的母亲。是她，一路走来，始终相信我，始终不曾放弃过我；是她的信任给了我信心，让我发现自己的长处，取得成功。

母亲退休后，我很开心，她终于有时间好好享受生活了。母亲去世后，我发现她保留着一张我写给她的字条，那时我女儿霍莉才四岁，克里茜只有两岁。字条上写的是：

萨莉（我妹妹）拿走了钢琴，杰克（我弟弟）拿走了我的小火车。

不过我们都认为，我们生命中最宝贵的东西是：您与我们一起住在图森。

这个女人，她塑造和成就了今天的我。她一直和我住在同一个城市里，并在我孩子们的成长中留下深深的印记。她是上天赐予我最珍贵的礼物。在我心中，她胜过一切。

这位我生命里的“另一个女人”，对我的影响实在太大了。同样，你丈夫的“另一个女人”也对他的成长有着不可替代的作用。

挑战他“生命中的另一个女人”

他“生命中的另一个女人”是哪一类母亲?

溺爱型母亲

· 她是不是很担心自己的宝贝儿子会受伤?

· 她是不是总为儿子的过错找理由，甚至歪曲事实来保住他的面子?

· 她是不是总是不放手让儿子去经历失败?

疏于管教型母亲

· 只要儿子能做的事，她是不是绝对不代劳?

· 她是否很清楚自己儿子的优点和缺点?

· 当儿子犯了错，她是会给他适当的惩罚，还是会说“等你爸爸回来再收拾你”?

……

聪明的妻子会想着去了解丈夫的成长过程。你的婆婆——你丈夫生命中的另一个女人，不论你对她印象如何，有怎样的看法，她早已在你丈夫的一生烙下深深的印记。在他至少十八年的生命中，他的母亲曾经采取过怎样的方式对待他、教育他？如果你能了解她曾带给你丈夫怎样的影响，那你便会更好地理解你的丈夫。

1. 溺爱型母亲

> 推动摇篮的手，
> 可以主宰世界。
> ——斯图尔特，吉尔·布里斯科
> （Stuart and Jill Briscoe）
> 《爱无处不在》（*Living Love*）

这类母亲不让孩子进行体育锻炼，怕他们受伤；不让孩子爬树，怕他们会掉下来；更不会让孩子徒步远行，怕他们迷路。总之，男孩喜欢做的一切事情，母亲都会阻拦。在她眼中，任何要争输赢的活动都是危险的。

没错，这类母亲能够让孩子“安全”，让他们不受身体伤害。可是，这样的做法会导致非常严重的后果：如果男孩的心性被母亲压制，那么一旦长大成人，有了反抗的机会，他必然会叛逆到底。而且，他一般不会采取诸如打高尔夫球、教自己的孩子打篮球之类的温柔的反抗方式。更糟糕的是，在很多情况下，既然他不能将怒气发泄在母亲身上，妻子就成了他的出气筒。

但愿你不会这么倒霉，遇到这样的丈夫。

这类母亲还常常迁就孩子的任何要求。如果孩子想逃学，母亲会给老师写请假条“塞思今天生病了”；如果孩子作业还没做完就跑出去玩，母亲会视而不见；如果孩子不想做作业，而是想玩电子游戏，母亲也会满足。

这类母亲会竭尽所能、心甘情愿地“歪曲”各种事实，以保住她儿子的声誉。

举个例子，假如早上塞思因为和卡琳打架而上学迟到，聪明的母亲会在给老师的字条中坦陈原因。她绝不会让孩子觉得，不管做错什么，母亲都会包庇他。她会在字条中写：

尊敬的老师：

塞思今天迟到是因为他不听话，一直在和妹妹打架。

如果是溺爱型母亲，她就会想尽办法编一个理由，维护儿子的“形象”。但这样的维护只是暂时的，她付出的代价是对儿子性格长期的不良影响。

> 当你因为别人的错误而火冒三丈的时候，请先花点儿时间想想自己的十个缺点。
>
> ——阿莫斯·米勒夫人（Mrs. Amos Miller）

为什么你的丈夫总觉得你会包庇他的错误？为什么他甚至会让你撒谎，来维持他的“尊严”？请看看他的母亲。她是不是这类母亲？她是不是经常包庇儿子的错误?

我的孩子们知道我会尽我所能抚育他们、保护他们、爱他们，可他们也清楚，我不会为他们撒谎。因为我不想让他们变得懦弱，变得不敢为自己的行为承担责任。

当一个母亲拒绝为儿子撒谎时，她能让儿子认识到，女人不是用来利用的工具，不能拿女人当挡箭牌，让她们替自己承担过错。

如果你婆婆是一个软弱的女人，那么尽管你丈夫不明说，但可能在他心中，所有的女人都软弱可欺。如果他从小就觉得自己能掌控母亲，让她为自己做任何事情，那么他同样会认为他能掌控你。

遇到这样的情况，你该怎么做呢？你得立刻反抗。你要温柔而坚强地站起来，必要的时候，向你的丈夫表现你的力量。

2. 指责型母亲

你婆婆是否会给你丈夫一些空间，让他能有机会尝试失败，这也很重要。记得有一次在电台做节目的时候，一位女性听众打电话进来，告诉我说，为了让她儿子把所有事情都做正确，她总是跟着他满屋跑，不停地对他说：“把鞋捡起来，把衣服叠好！”所有她认为儿子可能会做错的事情，她都会事无巨细地事先一件件提醒他，教他怎么做。

好不容易等她说完，我问她：“如果有一个人拿着纸和笔跟着你，把你做错的事情都记录下来，告诉你，‘再把桌子擦一遍，上面还有一处油渍！把柜子洗一下！天哪，你用吸尘器打扫的时候，漏掉了一个角落’，那么，你会有怎样的感受呢？”

她沉默了半晌，说道：“我一点儿也不喜欢这样的感觉。”

“你当然不会喜欢，”我告诉她，“所以，你的儿子也不喜欢你这样做。我们做父母的都难免会犯错，更何况小孩子。不要用连你自己都达不到的标准去要求你的儿子。”

> 如果没有关爱，而只有严格的规条，最终会导致反抗。
>
> ——乔希·麦克道尔（Josh McDowell）

我们都需要标准和原则，但有时也需要对各种规矩、规则持怀疑态度。谈到生活的指导原则，有一句话说得很好：“己所不欲，勿施于人。”

培养出懂礼貌、有教养的孩子的父母，理应收获掌声。学会控制自己的情绪，不要好心反而办了坏事，这一点对于父母来说很重要，尤其是母亲，不要让太沉重的母爱压得孩子透不过气来。

处理家庭关系的法则是，我对待家人的方式也是我希望他们对待我的方式。

如果在你丈夫小时候，他的母亲就希望他能尽善尽美，给他设定了他永远无法达到的高标准、高要求，那么今天，即使你对他有一点儿小小的指责，他也会反应激烈。比如，他把镜子挂歪了一点儿，你稍微说了两句，他心里会怎么理解你说的话呢？

“这点儿小事都做不好！你简直就是个彻头彻尾的失败者！你说你还能做成什么事？”

很可能你的话里完全没有这个意思，但你丈夫会这么想，因为他就是在这样的环境中长大的。此刻在他心中，你的形象变成了那个从小到大一直斥责他的母亲的形象，那种熟悉而恐惧的感觉又回来了。所以，面对你的指责，他冷脸相对，生气地皱着眉头，或者沉默不语。

在男人看来，万事只有成功或失败两种结果。你可以尝试下面两个好方法，它们能帮助你改变男人的心态，而又不会触动他们敏感的自尊心。这些方法不会立马奏效，不过值得一试。

（1）当着他的面，大声表扬他，不仅要表扬他做的事，更要赞扬他这个人。让他知道，虽然他有一些缺点，可是他身上有很多曾被他母亲忽视的闪光点深深吸引着你。要克服他母亲十八年甚至更长时间以来留给他的负面影响，你必须坚持不懈，这着实得花上一段时间。

（2）在纠正他的错误前，一定要先给他一些夸赞。比如，你可以说：“亲爱的，这面镜子你挂的位置真不错，这正是我想挂的地方。你能把它挂上去，真是太好了。不过，镜子看上去似乎挂得有一点点倾斜，你觉得呢？还是因为我看的角度有问题？”

3. 疏于管教型母亲

如果你丈夫小时候任性调皮犯了错时，你的婆婆很少惩罚他，只是说“等你爸爸回来再收拾你”，那如今你面临的挑战会很大。因为你丈夫会认为你提的任何要求都有商量的余地，而不会去认真对待。

举个例子，今天下午你提醒他，让他下班后去银行取点儿钱，因为他约了人晚上看电影，他很不耐烦地说：“知道啦，啰唆。”结果他回家时告诉你，他忘了这件事。那么，你即使有私房钱，也切记不要拿出来支援他。

下次，发生类似的事情，即使他可怜巴巴地说看电影要迟到了，你也千万别心软。不要让他的问题变成你的问题，不要因为他的不负责任而让你承担后果。

也不要帮他打电话给朋友，取消约会。既然是他自己的原因无法赴约，就应该由他自己解决。

如果他已经连续两个星期没有给家里拿回薪水，那么第二天早餐就端给他一碗不加牛奶的麦片粥。当他问道：“亲爱的，这粥里怎么没有牛奶？”你就平静地回答：“家里没有牛奶了，存折上的钱不够，所以我昨天没去超市。如果你能把薪水拿回来，明天我就去买牛奶，不过你得帮忙看一下孩子。”

记得说话的时候语气一定要平和，陈述事实就好，让他明白，他的疏忽带来了怎样的后果。

只要你能做到这些，一段时间后，他便会意识到：你和他母亲不一样。

假如你的丈夫是在严父慈母的家庭中长大，他的母亲从来不曾约束过他，而唱白脸的总是他父亲，那么你的丈夫可能不会很重视你。小孩子从小就应该学会尊重别人，而智慧的母亲会巧妙地利用挫折、施压的方法，让孩子意识到这一点。

举个例子，如果一个小孩对母亲说了一句狠话，比如："我讨厌你！"或者骂了母亲一句，智慧的母亲不会因此泪眼婆娑、身心俱乱。相反，她会保持沉着镇定。过了一会儿，当孩子要求母亲开车送他去参加篮球比赛时，母亲会很冷静地告诉他："对不起，比利，今天你不能去参加篮球比赛了。"

比利很困惑："你说的话是什么意思？今天早上你明明答应送我去的！"

"没错，早上我的确答应了，"母亲回答，"但是，在此之后，你对我说了极不尊重的话语，这让我很不舒服，所以我不能送你去了。"

等到合适的时机，给孩子这样一个打击，他会永远记得这一课。如果小时候，当你丈夫对母亲表现出不尊重时，他母亲选择屈服退让，那么如今，面对你的要求或请求，你的丈夫会觉得很烦，不会认真考虑。如果是这样，是时候让他为自己的行为付出代价了。

4．望子成龙型母亲

你是不是很纳闷，为什么你丈夫的生活节奏总是很快？为什么他总是把自己弄得很忙碌，不停地向前冲？这时你就要想想你的婆婆了，她是不是从你丈夫小时候起就把他的生活安排得满满的，让他不停地做这做那？虽然很多家长对女儿也会这样，不过似乎对儿子的要求更严格一些。也许他们心里想，多给儿子找点儿事情做，他就没有时间去惹祸了。

到我的咨询室来的很多男人，根本不知道该怎样维系一个家庭，而且这样的男人越来越多。他们中的很多人，从小到大都未曾与父母轻轻松松地吃过一顿晚餐。在假期里，他们不能和兄弟姐妹一起游玩，而是被送去参加体育夏令营。

> 你的生活越忙碌，你就会越发变得鼠目寸光。
>
> ——无名氏

他们从小就在父母的安排下，开始了快节奏的生活。我曾接触过一些父母，他们让孩子三四岁开始学摔跤、体操，五岁学踢足球，六岁学打垒球，七岁学空手道。到八岁时，这些小孩要同时学习这么多种体育项目。我还认识一个十岁的小男孩，他母亲竟然让他在同一赛季的三支不同的篮球队里打球。这样的培养方法真的会让孩子崩溃。

如果你的丈夫在童年时，星期一参加童子军训练，星期二和星期四参加篮球训练，星期三学习声乐，星期五和星期六参加篮球比赛，星期天还要去参加社团活动，那你丈夫小时候可能根本没机会真正和家人好好待在一起。

经历了这样的童年生活，长大结婚之后，他对家庭的看法和认识会与你完全不同。在你眼中，一家人聚在一起享受天伦之乐非常愉快、非常重要，可在他看来，并非如此。

当你对他说，“亲爱的，我们已经很久没看见你了。你能不能每周抽两个晚上，陪我和孩子一起吃个晚饭呢”，他表现出生气、烦躁的反应，就不足为奇了。

因为这种家人相聚的场景并非他童年生活的一部分，你得花些时间和精力连哄带骗地对他“再教育”，当然，要选择温柔的方式。

请记住，你与之结婚的对象，从来就不是“一张白纸”。他生命中的另一个女人，曾给过他太大的影响。这个女人，也就是你的婆婆，她亲手塑造了你丈夫。你丈夫对你、对孩子和对这个家的态度，都源于他母亲对他曾经的影响。

事已至此，你是不是对此无能为力了呢？当然不是。你是你丈夫最信任、最爱的人，从今往后，你对他的理解、支持和赞扬，也将会给他带来深远的影响。

如果你丈夫是 A 型性格[1]，而且又遇到一位这种性格的母亲，那

1 此处指迈耶·弗里德曼（Meyer Friedman）等人提出的 A 型、B 型、C 型和 D 型四种性格。其中 A 型性格的人较具进取心、侵略性等，他们总想从事高强度的活动。——译者注

么估计你要经过长期努力，才能让他的生活节奏慢下来。这个过程很缓慢，不过你会一点点看到成绩。

改变你丈夫生活节奏的这个艰巨任务，非你莫属。因为在婚姻生活中，你的作用很重要。要经营一个快乐和谐的家庭，需要付出心血和努力。请看下面这个例子。

有一年 12 月，一位编辑到我家做客。我的儿子凯文刚好从大学学校回来，女儿克里茜和她的丈夫丹尼斯也来了。那可真是我们家的大团圆时刻。看到孩子们彼此亲密无间，相处得非常融洽，那位编辑问我："你是如何让一个家成为这样的？"

"你的意思是？"我问道。

"你们家里的每个成员都非常喜欢全家人在一起，请问你是怎么做到的？"

"这都是凝聚力的作用，"我回答，"我们家里的每个人都不是那种有很多社会应酬的人。如果孩子们每周有五个甚至六个晚上去参加不同的应酬活动，我们就不可能有时间让全家人真正坐在一起，家庭凝聚力也就无从谈起。我们都尽量减少应酬的次数，让全家人有很多时间聚在一起，所以今天，每个家庭成员都非常享受这种团聚的感觉。我们喜欢家里的每个人。"

不论你现在是否有孩子，道理都是一样的。你有多少个晚上在忙于应酬？有多少个晚上远离了自己的家？有多少个晚上远离了你的伴侣和其他家庭成员呢？

如果你丈夫有一个望子成龙型的母亲，从小就被迫过着紧张、忙碌的生活，那么你必须想办法救他。如果任由他这样发展下去，最终他会崩溃（当然你也会崩溃）。他需要你帮忙“踩刹车”，并引导他把精力放在生命中真正重要的事情上。

比如，多把注意力给你和你们的家庭。

你的婆婆在你丈夫成长过程中带给他的影响，你无法消除，不过你能通过努力让它淡化。

当你下定决心这样做时，你会经历一些短期的困难和挣扎。不过，从长远来看，你们的小家会变得更和睦温馨，他也会成为一个更好的伴侣。

差异万岁

婚姻中的一大挑战，是必须去了解一个与自己如此不同的人。

当今社会，女性为赢得更多的尊重进行了很多光荣的斗争，可这却让我们忽略了一些常识。诚然，在社会价值上，男性和女性是平等的，男人并不比女人更有价值。我们也不能说，造物主更偏爱男性或更偏爱女性。但是，如果在争取男女平等的过程中，得出男女完全一样的结论，那就有些荒谬了。不幸的是，这种观念却一再地出现在广告、电影中，铺天盖地袭来。

男人和女人不可能一样。男人和女人的大脑是不同的。比如，人的大脑中有一个部位是控制视觉空间能力的，数学运算和建筑设计等方面会需要这种能力，而男人大脑里的这个部位比女人的大了6%。另外，从大脑的大小来看，男人的大脑更大一些；可是，在脑细胞的数量上，女人却更胜一筹。当男人和女人做同样一件事情时，刺激的却是大脑中的不同区域。

有时候男人觉得女人很难理解，而女人也觉得男人很难懂，因为男人和女人本来就不同。

不过，我们可以说，幸亏有这些区别。

从世界初创开始，“男人是男人，女人是女人”就是注定的。所以，他们看待生活的角度完全不同。女人从来没当过小男孩，因此无法理解他们的思维和行为。男人也从未当过小女孩，当然也无法理解女人的思维和行为。

不过，如果男人和女人能够接受并学会欣赏彼此的不同，而不要为此相争不下，他们定能在人生的道路上求同存异，共度和谐美满的幸福生活。

而在这种幸福生活里，男孩就是男孩，女孩就是女孩，即使他们永远都长不大。

男人私语

几招帮你抓住男人的心：

1. 婚姻不是一场男人和女人的竞争，要用言语和行动让他感到你们是携手一生的伴侣。
2. 男人喜欢征服的感觉。即使你不确定他能否做好某件事情，也请放手让他去尝试。
3. 当他又变成那个曾经的小男孩时，千万别忽视、冷落了他。记住：你也仍然是那个曾经的小女孩。

4．当他为某事欣喜若狂时，请同他一起分享这种感受，哪怕这件事对你并不重要。
5．请记住，你是他最在乎的人，那个他曾付出巨大努力追求的人。

你的男人，他到底需要什么

男人其实很简单。男人就像海洋世界里卖力扑腾着前脚的海豹，日常生活中他们并不会在心里过多猜测，而且会忠诚对待女人。如果女人知道男人想要什么，并能时不时地给他们扔点儿小鱼吃，他们就很满足了。

1. 他有时想要你像呵护婴儿那样呵护他

当他伤风感冒时，你的一切仿佛都会停止运转：他每十五分钟就会吵着要喝果汁；他让你把遥控器拿给他，因为他太累了，没法从安乐椅上起来；他还想要你给他炖鸡汤，哪怕你从不烹饪，他还是固执地想要喝你亲手做的鸡汤；当鸡汤弄好了，他还想你把汤盛在小碗里，一勺一勺地喂给他喝。

可如果是你伤风感冒了，情况就大不相同了。当你吃下两粒白天服用的感冒药，拖着虚弱的身体走进浴室，待了二十分钟后，你不得不像平常一样去完成一天的巨量工作：穿戴整齐；给丈夫和孩子做早餐；给丈夫和孩子准备午餐；给丈夫和孩子留字条、写备忘录；收拾孩子的书包；检查丈夫的穿着是否颜色搭配得当，如果颜色不搭，还得让他再去换一件；在丈夫出门的时候亲吻他；准时让孩子出门去上学；在孩子下车后，加速朝公司驶去，以便能赶上当天的首个会议。

这一天中，你唯一想起自己是个感冒病人的时候，是在第二次吃药时，而此时已是晚上了。

为什么男人生病了，会像个婴儿一样，非得要别人照顾？因为此时男人又成了小男孩，渴望得到关注和呵护。可能说来有些恼人，此刻在男人的心中，他们把照料他的女人当成了妈妈，而不是妻子。当这个小男孩被悉心照料时，他感到很满足，通过女人的一举一动，他知道这个女人爱他，他知道在这个女人心中，他排在第一位，这让他很骄傲。不过，对这个女人来说，这意味着她可能得暂时把其他事情往后放放了。

2. 他有时想要你别与他争输赢

让你在竞争游戏中抽身出来，让他获胜，可能确实会让你有些委屈、郁闷。你和他是平等的，没错。你也有头脑，这也没错。这件事情你可能懂得比他多，这更没错。

可是，想一想：竞争是男人的天性，如果你总是想与他一争高下，那你们可能会陷入一种可怕的恶性循环，很难从中解脱。

请看下面的场景：

你的丈夫做了一件很愚蠢的事，你很生气。可是，你知道他从来都不会认真听你的想法，所以你决定采取点儿行动。

为了让他了解你有多愤怒，你决定把他最爱的红烧牛肉在火上多烧一会儿（比如说多烧一个小时）。为什么选择红烧牛肉作为你反击的武器呢？因为你知道，吃上一盘烧制得刚刚好的红烧牛肉是他期盼已久的事情。

如果你这样做了，他会怎样呢？他会重重地摔门而出，找哥们儿去吃牛排。直到深夜，他才吃得尽兴而归。你用你的方式报复他，他则会对你视而不见，他觉得这是他的权利。

这样的较劲真的值得吗？

在《玫瑰战争》（*The War of the Roses*）这部电影中，迈克尔·道格拉斯（Michael Douglas）和凯瑟琳·特纳（Kathleen Turner）扮演的夫妻，就把他们的家变成了烽火硝烟的战场，最后二人同归于尽。

退一步海阔天空。偶尔放弃较量未尝不是件好事。

3. 他有时想要你把他当成小男孩

对于他做的一些蠢事，一笑了之反而会让你感到无比轻松。男人总是不停地做蠢事，以前是这样，现在是这样，将来更是这样。这从男人出生那天起就注定了。

即使到了四十七岁，男人还是会挽起袖子和别人比谁的肌肉更大。

男人还会有一些异想天开的想法，比如决定自己建个露天平台，还信誓旦旦地说一个周末就能建好。

男人还会固执地坚持，自己能把事情做好，不需要任何人帮助。有个男人花了三个星期给九个员工写工作表现评估，苦苦思索都没有任何头绪。可是，他就是不肯让妻子帮他，而他妻子是个职业作家。

男人还会制造出一些奇怪的声音，当和兄弟们在一起时，更是肆无忌惮。

男人还会大声地笑，笑得很猖狂。

男人还会把一件条纹上衣和一条格子裤搭在一块儿穿，让女人觉得很尴尬。

从长远来看，这些“鸡毛蒜皮的小事”到底会对生活有多大影响？不管怎么说，女人每个月心情烦躁的那几天，男人同样忍受了。

当他表现得像个孩子惹你生气时，回想一下，他最初吸引你的是什么。你可以把他在你心中的优点都列出来，贴在镜子上，让他能看到。他可能不会告诉你他看到了字条，可是，他神态中流露出的那种得意、自豪，早已说明了一切。

我妻子在字条上列出我的最大优点是幽默感。我当然会加倍努力，不让她失望！

你的大男孩，他排行老几

也许这个问题听起来很简单，可是，人的性格养成很大程度上受其出生排序的影响。多了解一些你的男人的成长环境，可以帮助你更好地明白他的需求和喜好。他在家里是担当责任的大哥，还是备受照顾的小弟，对他都有着截然不同的影响（当然，通过出生排序，你也可以更加了解你自己）。这些得从他的婴儿时期说起了。

1. 排行老大

家里排行老大的子女或独生子女，通常都会更成功，知识面也会更广。处在老大的位置上，他们面临着很大的压力，不过绝大多数人都能够漂亮地处理好这个问题，并做出一番成就。同排行老大的子女相比，独生子女对自己的要求会更高一些。美国首批进入太空的二十三名宇航员中，有二十一名在家中排行老大，另外两名是独生子。从事会计、工程、电脑编程、建筑设计、医疗卫生以及审计等职业的人士，大多都在家中排行老大。你觉得脱口秀女王奥普拉（Oprah）、主持巨星菲尔·多纳休（Phil Donahue），还有饰演痞子哈里（Harry）的克林特·伊斯特伍德（Clint Eastwood），他们在家排行第几？比尔·科斯比（Bill Cosby）是我知道的唯一具有博士学位的喜剧演员，他是家里的长子。他给自己所有的孩子取名都以E字母开头，因为E代表优秀（excellence）。乔治·布什（George Bush）、比尔·克林顿（Bill Clinton）以及其他无数的总统、州长等高官都在家中排行老大，他们是天生的领导者。

这一点儿也不奇怪，因为家中最大的孩子常具有很强的组织性和自律性。他们出生时，父母是第一次照料孩子，因此往往神经紧张，反应过度。孩子尿布湿了，他们如临大敌；孩子走出第一步，他们高兴得欣喜若狂。由于父母也在不停地学习摸索，因此他们的行为便很难具有连贯性。一招失败，他们会立马改变招数。长此以往，孩子会变得恐惧和不安，不知道自己该做什么。

不过，排行老大也有得天独厚的优势，他们能在一定时期内得到父母全部的爱护。这就是为什么通常排行老大的人更容易认同成年人的价值观，也与成年人相处得更好。他们往往更依赖家庭——这意味着他们会支持家庭的价值观，家庭的认可对他们来说很重要。

排行老大的人有着很强的责任感，他们认真、可靠、谨慎，并且有一些保守。他们会努力工作，担负起养家糊口的重担，尽心竭力地满足家人的一切需要。他们也会追求完美，有竞争的天性。这些品质都会帮助他们在职业中步步高升，为他们的家庭提供更优越的生活环境。不过，他们的竞争感可能也会让他们把婚姻看成是一场竞赛，而不是伴侣关系。还有，他们一旦在某件事情上失败了，就会很沮丧，甚至一蹶不振。

如果你丈夫是家中的长子，你能做些什么？

· 让他明白，你并没有兴趣与他一争高下。

· 告诉他，对于他取得的成就，你感到很自豪。

· 当他努力想获得成功时，给他足够的鼓励和支持。

· 通过言语和行动让他知道，你们不是竞争者，而是相互扶助的伴侣。

· 在别人面前，给他足够的面子和骄傲，因为这对他很重要。

· 当他失败时，安慰他、鼓励他，并再多给他一次机会。

如果你在家中排行老大，那么有时你需要控制自己的竞争冲动，让你的丈夫当一回领导者，使他能展示自己的“男性气概”。当你心中完美主义的种子又蠢蠢欲动时，请冷静一点儿，把目光放长远一些。

2. 排行居中

家里排行居中的子女被“夹在了中间”。当排行老大的孩子和父母已经把路铺设好时，排行居中的子女降临到家中，此时他们已有了一个行为榜样和玩伴。由于身处中间，他们往往会成长为一个很好的和平缔造者和谈判者。他们很容易与人相处，也非常忠诚。在家中，他们的相册往往是最薄的。

总的来说，排行居中的子女，是最忠实的婚姻伴侣。他们的抗压能力很强，面对问题时也很积极乐观。他们不会让家里的冲突持续太长时间，总会想方设法去化解矛盾。作为家中排行居中的子女，他们很懂得互让互谅。不过，这样一位擅长调停和解的丈夫，你可能很难了解到他内心的真实想法。即使你问他，他也只会说“噢，这件事没什么大不了的”，哪怕这件事在他心里很重要。如果你嫁给了这样的男人，那你可得小心一些，不要无意间伤害了他，因为他总是能承受很大的压力（在人们眼中是这样的），他总是想让别人（包括你）高兴。

如果你的丈夫在家里排行居中，你能做些什么？

· 让他明白，你很想倾听他的心声，你很在意他的想法。

· 当他与你共享他的观点时，切记不要对他的想法评头论足。

·告诉他，有些事情他如果不愿意做（或者有些东西他不愿意买），他大可不必去做，不要为了让别人高兴而勉强自己。

如果你在家中排行居中，那么请记住，你的想法、观点和别人的一样重要。大胆说出来吧，这样那些爱你的人就不会再费尽心机地去“猜猜她到底在想什么”。

3. 排行最小

家里排行最小的子女永远是家中最爱出风头的。他们从小受到父母的约束惩罚最少。遇到什么事，他们总是能脚底抹油——溜之大吉。他们不是一个最负责任、最值得依靠的人。他们常喜欢通过表现得楚楚可怜去打动别人，让他们帮自己做事（这一点他们从幼儿时就实践过无数次了）。

作为家里最小的孩子，随时随地都有人帮他们。所以当他们走进婚姻殿堂的时候，自然也憧憬着婚后生活会轻松有趣，做了什么事都不用付出任何代价。总之，对家中最小的孩子，父母总是格外宽容，也许养育了那么多孩子后，他们真的有点儿筋疲力尽了吧。所以，这些孩子总是我行我素，不喜欢任何挫折，没什么自制力，也很少有什么大成就。不过，他们率性风趣，魅力四射，活得非常开心。而且，他们很喜欢成为众人瞩目的焦点。

如果你丈夫是家中排行最小的，你能做些什么？

· 必要的时候，你需要正确地引导他，让他负责一些家中的事务。并且要让他明白，他答应过的事，就得说到做到。

· 留意他的购买冲动（比如当他花了一大笔钱买新玩具时）。有时你得提醒他："你觉得我们现在真的买得起吗？"然后证明给他看，你们是买不起的。

· 在他决定做某件事之前，告诉他做这件事的后果，免得到时候他后悔莫及。

如果你在家里排行最小，那么请记住，当你本能地想做某件事时，最好三思而行。多一点儿自制力和行动计划有益无害！

第三章

家——女人的城堡，男人的住所

我家有个紫色餐厅，不过我无所谓。
为什么男人的家始终不是他的城堡？
为什么你千方百计将他打造成你的闺蜜？

我家有个紫色餐厅（连墙壁也都是紫色的），不过我无所谓。起初当妻子告诉我她打算把餐厅弄成紫色时，我还皱了一下眉头。不过，现在我已经习惯了。

这是一个非常漂亮的房间。如果你来参观我们家，会看出我妻子很喜欢阅读家装杂志（她在床边放了很多这类杂志，多得让你无法想象），她在房间里运用了很多从杂志上学到的灵感。

走过一扇拱门，便到了我们家的八边形餐厅。餐厅里铺着硬木地板，还有一扇八英尺宽的拱形观花窗，透过窗户能看到环绕在我家周围的小溪。

用桑德的话来说，整个餐厅的装修风格是一种“新复古情调”。桌子是用橡木做的，每一边都雕刻着树叶的形状，非常古典。桌子周围摆了八把椅子（桌椅的摆放会根据孩子们做的不同事情和每天到访的不同客人而有所变化）。此外，餐厅里还有另外六把椅子。桌子上方的天花板上垂吊着复古的枝形吊灯，上面装饰着桑德亲手编织的花环。大烛台照亮了周围的墙壁。餐厅里一共有三十四支蜡烛

（有一次为了好玩，我数了一遍）。两个镶嵌着玻璃的中国风格橱柜里，陈列着桑德收集的各式装饰品。

女性客人走进这样的餐厅都会发出一声惊叹："真是太美了！"

这就是我妻子的杰作。她总能把房间装饰得漂漂亮亮的，不过这是她的事。

因为，我一点儿都不在乎这餐厅是什么颜色。如果哪一天她在晚餐时宣布，她要把我们家的大门涂成紫色、粉色和红色的混合色，以此来体现乡村原生态主题，我可能会稍微转动一下眼睛，心想：她又来了。当然，这对我来说真的不重要。

关于我们家的大门，我所关注的是：这门能抵挡风雪吗？可以，那就足够了。

餐厅和大门的颜色都不是我最在意的。我在乎的是，我的床是否舒适，浴室里的浴缸是否足够大，能否在我劳累一整天后帮我消除疲乏；我还在乎我的车、我的宠物狗罗西以及我的银行账户。我每天要做什么事情，都是助理黛比传真给我，她告诉我今天做什么、明天做什么、下周做什么，告诉我该去参加什么访问，项目的截止日期是哪天，等等。

至于吃饭的时候，是坐在紫色的还是橙色的餐厅里，对我来说又有什么关系呢？

有人公然宣称"男人的家是他的城堡"，这纯粹是谎言。

家，不是男人的城堡，而是女人的城堡，男人只是住在里面而已。为什么不实事求是地说呢？

为什么家不是男人的城堡？

1. 车库才是男人真正的领地。

2. 所有他给家里买的东西，最后都会由于各种原因被放到车库里。

3. 他在“城堡”里待的时间并不多，他怕自己坐在一把“只供摆设”的椅子上而摔得四仰八叉。

4. 他在“城堡”里的主要职责是修剪草坪，以及清理狗的粪便。

5. 他甚至不知道紫红色是什么颜色，即使他知道，也会被别人冠上色盲的头衔。

“只要你高兴，我就高兴。”

几年前，我们家的房子建好后，我没有过问装修计划。当桑德问我有什么想法时，我只告诉她：“我想要个大的浴缸和卧室。如果能实现这两样，其他的你怎么弄，我都会很高兴。”

我知道，有些男人可能会很愿意参与到装饰房屋的过程中，边边角角都亲力亲为。事实上，我认识的一对夫妻就有这样的情况。妻子是个全职太太，照顾四个孩子。在装修过程中，她负责财政预算、约人装电话以及修剪草坪。而丈夫选择墙纸，从旧货市场挑选精美的雕花玻璃灯，最近他还给儿子设计了一间丛林卧室。他这样做是很合理的，因为他本身就是一名设计师。

然而，对大多数男人来说，窗帘和餐厅墙壁的颜色并不是什么大事。有一个男人曾告诉他妻子：“我不管你把我们的卧室刷成什么颜色，只要不是粉色的就行。”可他妻子一直有着可爱粉色的少女情结，最后她选择了怎样的颜色呢？紫红和葡萄酒红的混合色。她的男人很满意，因为这不是他最讨厌的粉红胃药的颜色。可是，他从没想想，紫红和葡萄酒红难道不是粉色的一种吗？

如果桑德把我们家餐厅涂成了另一种紫色，或干脆换了另一种截然不同的颜色，除非她在吃饭的时候特别提醒我，否则我可能几周甚至几年都不会注意到。但如果她把电视机遥控器往左稍微移了四英寸，我立刻就能觉察到。

现在，简单总结一下男人们对装饰家庭的看法："只要你高兴，我就高兴。"

很多男人对"颜色圆盘"根本没概念，更不知道怎么去用它。

不过女人在装饰房间时，总是会坚持把男人拉进来，说想知道男人对房间摆设的看法，但其实女人心里早就已经想好了。

如果在婚姻中，女性能有这样的认识——"只要你高兴，我就高兴"，那么你们的婚姻生活会更幸福。

此刻，当我写下这段话的时候，桑德正在我们的紫色餐厅里给园林公司打电话，想给家里多弄点儿花花草草。

她眉头微锁："这样啊，那你们能不能派一个更懂设计的人过来？"

我能猜到电话那头的人会说："你不是说只是想种一些花草吗，为什么还要设计师呢？"

我无奈地摇摇头。我们所居住的图森市非常炎热干燥，大家都知道，在这里什么都种不了，大多数人都放弃了，但我的妻子从来没有放弃。每年，桑德都会坚持要求在家里种些花草，虽然一到春末，它们就都被热死了。

更糟糕的是，冬天的时候，我家里的温度要比这条街一英里外的地方低十摄氏度，这样的环境并不适合任何花草生长。

现在最让我觉得奇怪的是，那些花圃花盆都是现成的，桑德为什么还要叫设计师呢？我脑袋里想的是，这需要什么设计？买些新鲜的花草回来，插进土里，不就可以了吗？多简单啊。这里面有设计师什么事呢？叫一个力气大点儿的工人来松松土就足够了。

当然，我知道妻子终究会如愿以偿地找到一个设计师来帮她搭配花草的颜色。只是等设计师真的来了，他只会在桑德的指挥下进行颜色搭配工作。从我家里各个房间的装饰来看，我完全相信，妻子的设计能力真的胜过许多专业设计师。

我节俭的一面让我对这些花费感到有些心疼。可以预见，这些美丽的花草只能维持几个月，最后还是会枯萎死去，就像去年、前年和大前年一样。

不过我爱我的妻子，因此我决定，不要因为这些琐事而小题大做。

我承认，我妻子有一些小缺点，但我完全可以包容，因为我自己也不是完美的人。我明白，对她来说，把房间弄得漂漂亮亮很重要。所以，我即使不完全赞同她的做法，也乐意看到她每年往家里买些花草，这样她会很高兴。

“只要你高兴，我就高兴”这条简单规则，不仅适用于家庭装饰，而且同样适用于婚姻生活的所有方面。

给予施舍症

桑德和我都是那种乐善好施、热心肠的人。不过，我们给予的方式却完全不同。

有一年圣诞节，我在一家圣诞树商店工作。有很多夫妻带着孩子过来选圣诞树。最后每家人都如愿以偿，喜笑颜开地带着他们心中那棵“完美之树”离开商店。过了一会儿，有一个父亲也带着儿子来了，他们在店里走了一大圈。我注意到那个七岁的小男孩总是在同一棵树前驻足许久，而那棵树是整个店中最贵的。他的父亲不止一次拖着沉重的步伐来到儿子身边，脸上的表情尴尬、沮丧。我听见他用西班牙语对儿子说：“儿子，我们买不起这棵树。它太贵了。”

可儿子仍然不肯走，他一直待在那儿，眼睛直直地盯着那棵树。他用英语问父亲：“买这棵树要多少钱？”

看到这里，我走上前去。“你们太幸运了，”我用欢快的语气对他们说，“这棵树只要一美元就可以买下。我们这周都在想方设法处理掉这棵树呢！”

我收下了他父亲给的一美元，等他们离开店后，我用自己的钱补上了余下的部分。毕竟，如果一个人不能偶尔在别人有需要的时候伸出援手，那他真应该好好检讨一下。

不过，我妻子桑德那种给予的方式，有时真让我有点儿受不了。和她比起来，我在圣诞树店因感动而做出的善举，简直是小巫见大巫。

> 两个截然不同的人相结合，并且能欣赏彼此的差异，这才是世上最美妙的关系。
>
> ——无名氏

以前，桑德开过一家怀旧风格的古董店，店名叫“哈蒂旧风”，很受顾客欢迎。那家店弥漫着薰衣草的味道，顾客可以用小勺子量取薰衣草，这是一种很复古的方式。每当给顾客包装礼物时，桑德都包得非常漂亮，以至于收到礼物的人都不忍心打开包装。每份商品都附赠一勺薰衣草、一张皱纹纸和一个蝴蝶结。此外，每位到店里来的顾客，不论是否购买了东西，都会得到一份礼物——一支很可爱的银笔。

一天，我在店里等着接桑德下班，目睹众多顾客每人都拿着一支银笔走出店门后，我终于鼓足勇气问了她一句：“亲爱的，那笔多少钱一支啊？”

“哦，不贵。”她淡淡地回了一句，又继续往她包装的礼物中塞了一勺薰衣草。

我穷追不舍："亲爱的，到底多少钱？"

"我说了，不贵。"她的语气里有一丝不悦。

于是接下来，我用典型的男人腔继续盘问。桑德听出来了，我得不到答案誓不罢休。

终于，我从她嘴里问出了实情：那银笔，每支要十五美元。

十五美元？这个答案让我的心脏都快要受不了了。

真的，自从我们结婚以来，我不止一次地想对她说："你能不能稍微暂停一下这种无止境给予的习惯？不然我们的农场都要被搭进去了。"

还有一次，桑德去教堂参加一个即将分娩的母亲的送礼聚会（baby shower）。那个母亲是个单亲妈妈，所以桑德给她送了一些婴儿用品。

回来以后，她跟我说："阿曼，我想再给那位母亲送几百美元，她真的很需要钱。"

我再次压制住节俭的本性。"好啊，亲爱的，去做吧。"我说。

为什么我没有勃然大怒呢？为什么我没有好好给她上一课，告诉她我们还有很多需要用钱的地方呢？为什么我还是对她的做法表示了支持呢？这是因为，我的妻子，她就是这样一个人。像她这样毫不吝啬给予的人，真的不多见。

桑德还有一个很特别的地方，她能让每个人都觉得他们是世上最重要的人。我希望自己也有这样的能力，可是我没有。桑德确实非常独特。

很多人——包括我自己，都因为桑德的这种特性而获益良多。可能这就是为什么在我——家中排行最小的孩子——经历过无数次失败，急需重新认识到自己的价值和重要性的时候，上天安排了桑德这个女人做我的终身伴侣。只有她才是最适合我的。

既然给予是上天赐予桑德的礼物，那么我——一个和她携手多年的丈夫，有什么理由去阻止她毫不吝啬地给予别人呢？因为这才是她，她天性就是这样一个人啊。

小测试四 ...

如果他今天主动打扫了整个房屋，还说要带你去泰波姿 (Talbot's) 女装店给你买东西，那么：

A. 他肯定是自己买了一副新的高尔夫球棒，花了不少钱。

B. 他在骗你。

C. 他今天早上才意识到，他把你们的结婚周年纪念日记错了，应该是2月，而不是5月。

D. 他觉得你需要打扮打扮自己。

E. 他想今天晚上你好好表现，让他享受“性”福。

答案请参见本书第285页。

女人的小秘密

女人有一个小秘密。人与人的关系，在女人心中占据着重要的地位。所以，女人才会有这样的三大基本需求：

1. 爱
2. 敞开心扉的交流
3. 对家庭的承诺和奉献

家，是女人最看重的，她也把自己看成家的一部分。如果她的家庭没有正常运转，她会觉得失败；如果她的家里一团糟，她也觉得失败；如果有个朋友对她很生气，她同样觉得失败；如果她的丈夫没有与她一同参加社交活动，她更觉得人生不完整，因为她的男人没有同她一起经历。

假如你丈夫由于工作，连续三天晚上回家很晚，你的第一反应会是什么呢?

如果是男人，他们会说："哇，他最近接了个大项目，看来他马上要成功了。"可是，女人面对这种情况，第一直觉是什么呢？"可能他厌烦我了。""是不是我做了什么事，让他那么晚都不想回家呢？"

再举个例子。这一周，你实在忙得脚不沾地，精神有些崩溃。你得在被单店做兼职，孩子又得了腮腺炎，家里冰箱也出了故障。好不容易到了周末，你叉着腰，仔细审视着一片狼藉的厨房、客厅和餐厅。如果是男人，看到这样的场景，会说："好吧，家里是有那么一点点乱。不过这也不能怪你，上周你那么忙，怎么会有时间收拾呢？"

但是，你的第一反应是什么呢？"真不敢相信，我居然让家里脏乱成这样！为什么我不能同时兼顾工作和家庭呢？休有四个孩子，还有全职工作，她都做得好好的。而我只是在兼职，怎么就处理不好呢？"

还有个例子。假如你的丈夫突然感冒了，而你们原本计划要去参加慈善捐款宴会。现在，他不能陪你去了。他会说什么呢？"亲爱的，实在对不起了。没想到我在这时候生病了。"其实他心里想的是：哈哈哈，这个时候感冒，真是太好了！我讨厌那些慈善宴会。

你的反应是什么呢？"唉，亲爱的，你居然在这个时候病了！我是该去参加宴会呢，还是该待在家里呢？毕竟没有你陪我一起去，那感觉会大不一样的。"

男人的小秘密

男人也有一个小秘密。实在的东西在男人心中占据着最重要的地位。所以他才会有这三大基本需求：

1. 被尊重
2. 被需要
3. 被满足

男人不是关系型的，他们更注重实实在在的东西。这就是为什么，运动对他很重要，竞争对他很重要；这也是为什么，他会轻描淡写地推掉社交活动，对你说："你自己去吧，我就待在家里好了，还可以在车库打发一下时间。"

可大多数女人听到男人这样的回答，心里是怎样想的呢？"噢，他应该是言不由衷的吧。如果我坚持让他去参加活动，他一定会喜欢的。"为什么女人会这样想呢？因为女人希望男人能陪在她身边，和她在一起，这样她才能感觉到十足的快乐。可惜大部分男人在这种情况下，却宁愿选择待在别的地方。

有一次，为了能在周五晚上赶回家，罗恩专门调整了整个出差行程，因为那天晚上他妻子会邀请一些邻居来家里吃晚饭。结果，整个晚上，罗恩都待在厨房里洗碗洗盘子，他非常郁闷困惑，对自己费这么大劲赶回来百思不得其解。可是，等客人们都走了以后，妻子竟然对他说："你今天能回来，我太高兴了。"虽然一个晚上她几乎没看过他一眼，但她知道，他在身边。这一点对她来说胜过一切。在妻子看来，这次宴请邻居们的晚宴是否成功，很大程度上取决于自己的丈夫能否陪着她。

所以，由于男女之间需求的巨大不同，女人的言谈举止通常与她的男人密切相关，而男人却并非如此。如果你不了解男女之间这种关键的差异，那很多时候你都会感觉很受伤。假如他拒绝与你一起参加活动，或者没有按时赴约，你会很伤心，你会认为：他根本没把我放在心上！他一点儿都不爱我！我这个妻子当得太失败了！

我们的一个熟人——托德，刚度完蜜月归来。第二天下班后，他径直回了家，坐在沙发上悠闲地看着电视。一小时后，他母亲皱着眉头站在他面前，对他说："怎么只有你一个人回来了？梅利莎呢？"

托德居然完全忘了自己是个已婚男人，下班后竟回了他的"另一个家"——他父母家。等他回过神来，匆忙赶回他与新婚妻子的新家时，她的脸上满是泪痕。她精心准备的婚后“第一餐”就这样被毁了，而托德只得一晚上都在为自己的行为赔礼道歉。

“你是不是不爱我了？”她抽泣着。

“我当然爱你！”他回答，将她拥入怀中。

“那你怎么会忘记下班回我们家？”

他该怎么回答呢？难道他应该说，他真的忘了，因为他是个只会单向思维的男人，而他的思维今天没有指引他回到可爱的新娘身边？难道他应该说，自己只是本能地回到了父母家，因为在这之前，他几十年都是这样做的？

他不是你的闺密

你不太可能会从男人口中听到的话：

“你知道我最喜欢我妻子什么吗？我最喜欢她有力量，尤其是她的空手道掌劈。”

你不太可能会从女人口中听到的话：

“你知道我最喜欢我丈夫什么吗？他的那种柔弱气质好迷人。”

要与一个和你性格迥异的人相处，有时确实挺难的。但是，你嫁的是你丈夫，还是你的闺蜜？

这听起来似乎很奇怪，不过很多女性在婚姻中都不遗余力地试图把丈夫改造成她们的闺密。她们希望丈夫与自己一起逛街、喝咖啡，一起谈论生活中的点点滴滴，一起看浪漫电影，一起欣赏高雅歌剧，等等。

这样的生活仿佛不错，可这真是你想要的吗？你真希望你的丈夫成为一个“女孩子气”的男人吗？你真希望他谈起最新的时尚话题时滔滔不绝吗？你真希望他对一双镶着水钻扣的白鞋大加评论吗？你真希望他叽叽喳喳地和你聊同事们的绯闻趣事吗？

有些事情，女人只能与闺密分享，而有些事情，男人只能与他们的那帮哥们儿分享。你的事情并不一定非得同你的男人一起去做。

比如，我对电影并不感兴趣，所以我常对桑德说：“找泰里和你一起去看电影吧，祝你们玩得愉快。”而我则会去找我的哥们儿傻蛋做点儿别的事情，例如去赛车，沉醉在大量的汽车尾气里不亦乐乎。这种事情，桑德是永远也不会喜欢的，她受不了这种气味和噪声。对她而言，银幕的吸引力比赛车要大很多。

如果你想去看一场言情电影，就和你的闺蜜一起去吧。让你丈夫能和他的好哥们儿去看他们的硬汉影片，或者让他一个人待在家里清闲一下。

让彼此保持自己的天性吧，因为造物主是这样创造男人和女人的。婚姻中的男人和女人，并不是合并成了一个毫无个性的整体，丧失了各自的独特性。你们不可能永无分歧，你的兴趣爱好也不可能全部成为他的兴趣爱好，反之亦然。我的妻子桑德非常健谈，很可爱，也很迷人。不过，她也有自己的癖好，比如她喜欢沿着

> 请在彼此的世界中保留些许空间。
>
> ——拉尔夫·坎斯勒（Ralph Cansler）

S 形方向挠自己的后背。还有，在她看来，轻装旅行意味着只带一箱鞋子。

可是，命运注定我们走到了一起。在我眼里，她是最宝贵的。即使她有这样那样的怪癖，我从来没想过要把她改造成和我哥们儿傻蛋一样的人。我很喜欢傻蛋，他是我的好兄弟，但是我绝对不会和他结婚。

那种女性特有的气质，还有她不时创造出的各种惊喜，抛给我的一些谜团，都让我迷恋，哪怕惊喜是间紫色的餐厅。

只是，作为一个男人，我不会费尽心思地去让那间紫色餐厅始终保持极佳的状态。

在我们家这座城堡里，桑德才是真正的女王。上周的一天深夜，我迷迷糊糊中伸手，感到桑德不在身边，顿时惊醒。

瞥了一眼床头的闹钟：凌晨 1 点 45 分。出什么事了？我可爱的妻子到哪里去了？

我挣扎着从床上爬起来，摸索着走出卧室，竖起耳朵仔细听着。餐厅里的灯亮着，那里好像有动静。果然，桑德在那儿。她正站在凳子上，一丝不苟地擦着那盏枝形吊灯，还用各种花饰仔细装扮着它。

作为男人，我喜欢我的家看起来赏心悦目，也很感激桑德为此付出的劳动，但不会在半夜 1 点 45 分的时候去擦拭、装饰吊灯，或者做其他家务。这个时候，整个小区里还在折腾的，也只有浣熊和我的妻子了。

> 男人：“我是称雄的公鸡，整群公鸡都得听我的。”他的哥们儿说：“没错，不过称雄的公鸡却得听母鸡的。”
>
> ——无名氏

男人和女人的区别显而易见。他们对事物的轻重缓急有着不同的理解。这一点充分体现在我和桑德每日的生活中，也体现在你和你丈夫的日常相处中。

但正是这些差异，才让婚姻生活充满了乐趣和欢快，当然，有时也充满了惊喜和未知。

我喜欢这样的生活，即使我的家并不是我的城堡。

她才是城堡的女王，这能让她觉得快乐。

因此，从长远来看，这也会让我觉得快乐。

男人私语

让婚姻永葆生机的两条黄金法则：

1. 让男孩永远做男孩。
2. 让女孩永远做女孩。

当你与你的他初次相识的时候，他的哪一点吸引了你？是他做事的方式与你完全一样吗？可能不是吧。你能想出两个各方面完全一样的人吗？如果有的话，不出几个小时，他们就会在足球场上争得你死我活。如果你和他什么事情都意见一致的话，那生活会有什么新意呢?

让他永远做他自己，让你永远做你自己。不要让差异使你们的关系陷入紧张气氛。学着去接受、去欣赏男人和女人的不同，并尽情享受这种不同带来的快乐吧。

我不是一个非常有品位的人，不过，人们是否花了时间和工夫去精心准备某件事情，我还是能感觉出来的。比如说，女人们在聚会前通常会做很多准备。她们根据颜色仔细搭配各种餐具，给餐桌铺上精致的桌布，在餐桌中央放一件美丽的装饰品，还在每个角落摆放一些亲手做的小礼物。并且为了活跃气氛，她们还会在某个凳子下贴上幸运纸条，得到这张纸条的人就能把餐桌上那件美丽的装饰品带回家。

男人的聚会可就大不一样了。我曾加入一个名为“纯爷们儿”的组织。我们在早上 6 点碰头，共度一个由教堂的牧师主持的“虔诚时刻”。我们是怎么准备这个聚会的呢？到了聚会地点后，我们从旁边扯下一张牛皮纸铺在桌上，接着便将一袋面包和一盒多那圈堆在桌子上。至于餐桌中间的装饰品，我们弄了一盆直径为十二英寸的黄油，中央插了一把特大号的刀。整个准备过程不到两分钟，该有的就都有了。聚会的气氛好极了。

有些事情，你不必太较真

有时候，你的丈夫难免会做出一些毫无意义的蠢事，不仅费钱费时，可能还会让你感觉很不舒服。不过，如果你爱他，这些事又对他很重要，那么不妨睁一只眼闭一只眼，随他去吧。

再举个例子，还是关于我那位喜欢给予的妻子的。

有一次，两位出版宣传员在电话里告诉我，他们打算与我谈谈关于我新书的出版事宜，并请我和桑德一起吃晚饭。

太好了！我暗想，可以免费吃晚餐了。

桑德却不是这么想的。“请他们到家里吃饭吧，我来做。”她很坚持。

这是为什么？我纳闷不已：如果要在家里请他们吃饭，那你会很累。而且，这完全没必要，他们已经说了请我们到外面去吃，这不是什么大事啊，为什么不让自己休息一下呢？

不过这些话，我没说出口，因为我太了解她了。

桑德忙碌了一整天，精心准备了一桌晚餐，还有我最喜欢吃的菲力猪排。

最后，当我们送那两位出版宣传员出门时，我突然感觉少了点儿什么。桑德居然没给他们送礼物。这是怎么回事呢？

走到古董店门口时，桑德说：“等一下，我忘了一样东西。”她跑进店里，拿着两个小袋子——袋子里装满了纯手工做的各种装饰品——给两位出版宣传员，一人一袋。

我忍不住在心里偷笑，因为这才是我的桑德。每当我们家来客人，礼物赠予环节都是必不可少的。

虽然我的男性单向思维的大脑在说，这种送礼物的行为好愚蠢，而且，这也太贵了。可我明白，既然我爱她、尊重她，那就随她去吧。我只需要努力赚钱，让她能够送得开心就行了。尽管在我看来，这种送礼物的行为没有任何意义。

> 爱一个人，就是要让他相信他值得被爱，就是要努力让他自在地生活，就是要让他能拥有全部的自由，就是要让他能享受尊严，就是要陪伴他成长，就是要让他能活出自我，就是要让他能活得洒脱。
>
> ——皮埃尔·泰亚尔·德·夏尔丹（Pierre Teilhard de Chardin）

你的他，是不是也会做一些类似这种费时费钱的事呢？他是不是每个周六早上都要在他的多那圈店里开展免费赠送活动？他是不是最近周四晚上总会和他的哥们儿一起，在店外的空地上比赛玩遥控大脚车？

那你有没有想过，这些奇怪的行为对塑造他的男性自我起着怎样的作用？

免费派发多那圈，可能是他在你们经济预算内唯一能做的“给予”行为。这也许会让他感到满足，让他感觉自己像个英雄。

与他的哥们儿一起玩遥控大脚车，可能是因为他那哥们儿最近刚离婚，他想借此机会安慰他的哥们儿。他们会经常谈到离婚这个话题吗？不会。那他们是否会涉及这个话题呢？那是当然的，即使只是在游戏中间休息时的三十秒提一下。周四晚上的那段时间，是完完全全属于他们的，即使只是在如火如荼玩游戏的间歇里交谈一会儿，也足够让他们彼此敞开心扉了。

当他做了一些让你恼怒的事情，你会有怎样的反应？读完这一节后，你的想法是否有了改变呢？

你的他，做过哪些让你很气愤，却在他看来很重要的事呢？

“一起做任何事”的谬论

作为关系型的人，女人在脑海中往往有一个根深蒂固的谬论：结婚以后，任何事情妻子都要与丈夫一起做。在婚后每一天的生活中，她也身体力行地努力贯彻着这种思想。可是，对于她所谓的这条婚姻法则，她的男人却无法认同。所以，当他满脑子充斥着如何在竞争激烈的世界里争得一席之地时，家里唯一能让他安静地独自待上一小会儿的地方，就只剩卫生间了。现在，你明白为什么你和他时常会发生冲突了吧？

对你来说，与丈夫在一起共度温情时光，永远是你生活中非常重要的事。但这并不意味着你们无论做什么事都得一起。不论是男人还是女人，都需要一些属于自己的时间。

我妻子很喜欢逛街买东西。最近，她和她的一名女友聊到姐妹们定期开展聚会的开心体验。

后来她把她们的谈话内容转述给了我。

“你们聚会都干了些什么呢？”我问她。

“可多了，”桑德很兴奋地回答，“我们逛街、聊天、吃饭，再逛街、看电影，然后再逛街……”

我明白了。我爱我的妻子，可是如果她要我陪她去做这些事，那是一种煎熬。逛街不是我的强项，我也不觉得它有什么乐趣，但我知道，逛街是我妻子生活中的重要活动，所以我告诉她：“很好啊。以后你要多和你的姐妹们聚聚。”

我们在一起这么多年，她现在总结出一个规律：如果她一个人逛街，或拉上姐妹们一起逛街，那么等她回到家，莱曼一定会笑容满面地迎接她。

在桑德六十岁生日时，我送了她一份特别的礼物。我为她和她的一位姐妹预订了“巴黎—伦敦十日游”。“去吧，亲爱的，好好逛逛，玩得开心。这是我送你的生日礼物！”

我向她保证，她不在家的时候，我一定会照顾好自己，乖乖待在家里，既当父亲又当母亲。但当开车送她去机场时，我却忍不住流泪了。这是我们结婚三十八年来第一次分开度假。她不在的时候，我真的很想念她，不过能送她这样的礼物，我感觉很高兴。这是一份完全没有私心的礼物。我很爱我的妻子，并没有想过要摆脱她。

她过得非常愉快。那次旅行，成为她生命中快乐的回忆。而当我回想起她的那次旅行时也会带着笑，因为只要她高兴，我就高兴。

下一次，当你丈夫想做的事让你恼怒时，不妨试试以下几点：

1. 看看他想做的事到底是什么。是想周六早上和一群人去骑车，是想种种花，是想在科罗拉多州滑雪，还是想和他的那帮哥们儿过一个两年才有一次的周末呢？

2. 想一想，这件事对他的重要程度有多大，把它的好处列出来。仔细审视这张列表，你的看法是否有所改变呢？

3. 他没有让你参加他的活动，不要嫉妒，也不要觉得伤心，因为你们不可能事事都得在一起做。尽你所能支持他所付出的努力，他会因此觉得快乐和满足。

夫妻协定： 找点儿时间，和你的丈夫一起，好好讨论以下这些问题。如果你们能在散步或喝咖啡时心平气和地交流，效果会更好。

1. 什么事情是你和你的丈夫希望两个人一起做的？
2. 什么活动是你和你的丈夫希望能分开做的？
3. 当参与这些活动时，你们会给对方一些什么承诺？
4. 你的丈夫有怎样的性格和特质？
5. 你有怎样的性格和特质？
6. 在你们的婚姻生活中，这些性格和特质是如何互补的呢？

为什么不来玩玩交易游戏呢

桑德喜欢去图森市欣赏一年一度的圣诞组曲音乐会（the Festival of Carols），我却不喜欢。

音乐会上演出的全是诸如《漫步冬日仙境》（*Walking in a Winter Wonderland*）的圣诞曲目，真正的高雅音乐。但在我看来，曲子一首接着一首，没完没了。而且，因为音乐会在剧院里举行，如果不能坐在靠走廊的位置上，我会感到浑身不自在，可很多时候靠走廊的位置很早就被预订了。我估计每年有不少男人像我一样，被妻子拉着去听这些音乐会，他们抢占了靠走廊的位置，是为了散场时能早点儿逃离。

每一年，桑德都会把票买好；每一年，我都会陪她一起去。我知道，她很希望我能陪在她身旁，这样她才会听得高兴。这是我们秘而不宣的夫妻协定。有的时候，我也会陪她一起去参加一些活动，这些活动对她很重要，虽然我并不喜欢。

而有的时候，桑德也会陪伴我，去做一些对我来说很重要、她却不太喜欢的事情。

看足球赛就是一个例子。我很喜欢和桑德一起去看亚利桑那大学的足球赛。通常，我们会与另一对夫妻乔和泰里一起去，这样两位女士待在一起，不至于那么无聊。事实上，有一次，比赛正进行得如火如荼，桑德却百无聊赖，竟然在看台上躺了下来。要知道桑德身高将近一米八，居然在看台上直直地躺着。在桑德和泰里眼中，看球赛是一种社交活动，为的是让大家能够聚一聚、聊聊天。可在男人看来，看球赛绝对不是为了聊天。我和乔虽然紧挨着坐在看台上，可我戴着耳机，他也戴着耳机。

我们的聊天内容仅限于：

“噢耶！”

“唉！”

“截住他！”

“抢过来！”

“别让他进球！”

接着是一声惋惜的长叹。

只有在中场休息的时候，我们才能稍微交流几句。妻子们被冷落了半场球赛之久后，我们又暂时回到了丈夫的角色，礼貌地问她们想吃点儿、喝点儿什么，然后去给她们买回来。我想两位女士肯定知道自己被骗了，不过她们还是愿意陪着我们。因为她们知道，丈夫们内心肯定很希望她们能陪在身边，尽管在比赛进行的 90% 的时间里，我们都忽略了她们。

夫妻俩待在一起共度时光，在你心中很重要，可这并不是说，你们就得有完全一模一样的感受和体验。举个例子，我喜欢钓鱼，也喜欢和桑德在一起。如果能把二者结合起来，那就再完美不过了。

但是，在桑德看来，和我一起去钓鱼意味着她能躺在竹筏上，舒服地一边享受日光浴一边看八卦杂志。“亲爱的，快看我钓到了什么！”我兴奋地冲她大喊。她懒洋洋地抬起眼皮：“嗯，好。”我知道，她对这条鱼完全没兴趣，不过，至少她做出了回应，这就够了。

我们待在一起，但同时我们又都在用自己的方式体会着不同的快乐，彼此都心满意足。

我常开玩笑说，我们俩就像是海牛和蛞蝓，这一点儿也不夸张。有一次，我钓鱼的时候，桑德躺在小竹筏上睡着了，小竹筏慢慢地漂向大海，她竟然毫无感觉。我不得不去找救生员，这才把小竹筏拉回来，避免了一场事故。

这个例子说明了什么？夫妻可以一起做事，不过不一定要做同样的事。在我钓鱼的时候，桑德可以享受日光浴，可以尽情地看杂志。我们一起待在一条船上，除了她偶尔会随着小竹筏漂往大海。

你和你的丈夫有没有过类似的体会？你们是不是待在一起，却用不同的方式感受着快乐？你们是不是都从中获得了满足？

第四章

你究竟有多需要他

“我真的很想你能需要我。”
他是不是总在想尽一切办法吸引注意力，
而且是吸引你的注意力？

麦克是个推销员，在模具行业辛苦工作了二十多年。每年1月，公司都会举行一次颁奖晚宴，全国所有的销售代表齐聚一堂。代表们前两天在酒店里开会，第三天自行安排游玩，所有的费用由公司全部报销。而且，区域销售冠军还能得到一笔不菲的奖金。

一般情况下，公司并不愿意代表们携家属参加晚宴，也不会给家属报销费用。不过，这一次，公司领导特别关照麦克，说他可以带他的妻子吉尼一起来。他们还透露，麦克会获得今年的区域销售冠军奖。这意味着，麦克是今年全国仅有的四名区域销售冠军之一。这是对他这么多年兢兢业业、努力工作的最好肯定。

当麦克得知今年的销售晚宴将会在奥兰多市举行，而且公司为他预订了价值625美元的顶级套房时，他就开始在心中美滋滋地计划着，打算给他妻子一个惊喜。

第二天，他便打电话给奥兰多的酒店，告诉工作人员在他的房间里为吉尼摆上一大束鲜花。中午工作间歇，他还特地跑到妻子钟爱的店里，为她买了一套衣服，好让她出席晚宴时穿。此外，他还给她买了一条新睡裙，还有一盒她最爱的歌帝梵（Godiva）巧克力。

对麦克来说，这几天不仅意味着远离工作的烦恼，而且还能与妻子共度一个“浪漫的二人世界”假期。他为此兴奋不已。

整个一周——包括他们赶到机场、托运了行李、坐上飞机抵达奥兰多市，他都沉浸在自己的完美计划里，脑海中无数次幻想着浪漫的场景。在去酒店的路上，麦克仍然在心中一遍遍计划着到了那儿先做什么、后做什么。他还担心，不知道酒店工作人员有没有按计划摆放好鲜花——他们一推开门，就能看到花。

一切都非常完美。火红的玫瑰，每一朵都娇艳欲滴，这是他妻子最喜欢的颜色。麦克暗自思忖：计划进展顺利。

当他把礼物从箱子里拿出来，正准备实施下一步计划时，他妻子的手机响了。

“哇，你们已经到啦！太好了！”她兴奋地说，“我们在212房间，赶快上来吧。”

是谁？谁要来？麦克很纳闷。他们为什么要来？

原来，吉尼瞒着麦克，事先把他们的度假计划告诉了在附近上大学的两个女儿，让她们这两天别住宿舍，到酒店来与她和麦克一起住。

这无疑给麦克精心策划的浪漫计划泼了一大盆冷水。二十一年来他顶着巨大的压力，马不停蹄地工作、养家，丝毫不敢懈怠，他一直期待着能够与妻子一起庆祝自己的成功——就他俩。要知道，这可是第一次，他能把工作和娱乐结合在一起。

他是如何回应的呢？他拥抱一下两个女儿，然后独自坐在一旁。麦克落寞地听了一会儿她们又说又笑的谈话，轻轻掩上门出去了，两个小时后才回来。

“你到底怎么了？”吉尼很不解，“为什么你这么闷闷不乐？”

她不知道他为什么会这样……

其实，麦克希望妻子需要他——只需要他。当他发现，她的心里并不只装着他一个人时，他的浪漫计划便中断了。他只能沉默，把自己蜷缩起来，内心感觉非常不是滋味：既然她不需要我，那我就没必要待在这儿了。

好好的假期，两个人过得都不开心，这并不是他们想要的结果。

男人也会心碎

男人不愿承认自己的心像儿歌里的蛋头先生（Humpty Dumpty）那样，脆弱易碎。男人知道应该坚强，也努力地在表面上维持自己的硬汉形象。可是，内心呢？即使只是轻轻地一推，也会让他摔到墙上摔得支离破碎。尤其是当他最爱的女人给他一掌时，更会要了他的命。一旦从墙上掉下来变成碎渣，他就很难再将自己拼好了。

面对上面那种情况，他心里会想：如果你不需要我，如果别人能取代我的位置，那我为什么还要费尽心思、徒劳地去做这些事？我为什么每天要工作十小时？我为什么要辛苦地到处出差？我为什么要经常忙得顾不上吃饭？我又为什么要天天奔波几个小时往返于家和公司之间？

还记得男人的三大基本需求吗？被尊重、被需要和被满足。如果他的这三大基本需求能得到满足，那不仅他会很快乐，你也会非常愉快。

其实男人和可卡犬还有金毛猎犬有很多相似之处，都渴望得到爱抚。如果你经常抚摸他，他就会用一生的忠诚来回报你，任何诱惑都不会令其心动。只要你招呼一声，他便会高高兴兴地跑到你的身边。

因为在你丈夫的心里，你是他最在乎的人，你俘虏了他的心，你是他选择共度一生的爱人。

所以，当你将注意力从他身上转向别处时，他才会如此受伤。他会觉得：是不是我对她已经不再重要了？一个自尊心很强的男人，当他感觉自己不被尊重、不被需要和不被满足时，他便可能不会再围着你转。

正如谚语所说："希望不实现，心碎亦可怜。"随之而来的，是空虚和苦涩的滋味。

前面所举的例子中，要想两全其美，吉尼不妨试试下面这个办法。她既然想与女儿们聚一聚，就可以对麦克说："我真是迫不及待地想和你一起享受两天两夜的浪漫。不过，如果可能的话，我也想见见孩子们。我们能在酒店里多住一天，让女儿们也过来吗？"

只要麦克的计划得以成功实施，他便会心满意足，如同一只坐在香蕉床上的黑猩猩。这样，他会非常愿意在第三个晚上见到两个女儿。

不过，这是有前提的。他首先得与妻子有两个单独相处的缠绵之夜，这样他才会心甘情愿、高兴地让女儿们过来。

有一次，桑德和我也单独度过了一个短暂的假期。那年霍莉四岁，克里茜两岁。那几天，我们将孩子交给奶奶照看。我心里想，终于自由了。我们终于能去加利福尼亚州度假，去享受温暖的阳光、柔软的沙滩和美味的晚餐了。就我们两个人，真好。

那个假期我们过得非常快乐。第一天的时候，我完全没有谈有关孩子的话题。第二天，我发现自己不自觉地开始把孩子们挂在嘴边。到了第三天，当我们开车回家的时候，我居然迫不及待地想立刻见到我可爱的女儿们。那时，她们占据了我脑海的全部，因为我已经与妻子共度了一段美好时光，毕竟我已经完全拥有她一段时间了。

如果你想让丈夫爱你们的孩子，而不是将孩子看成争夺你注意力的竞争对手，那么就找点儿时间，让你们重温一下二人世界的感觉。千万不要失去你在他心中的位置。

都说只有女人才喜欢被人呵护，喜欢与爱人亲密相处，这完全是假话。你的丈夫，他其实也泪流满面地（当然是在心里默默地）渴望得到你的宠爱，只不过他会以一种不同的方式表达他内心的愿望。

男性的反抗方式

他不会直接告诉你他需要什么，但当他感觉不舒服时，他往往会有如下表现：

1. 一言不发（就像麦克最初的表现那样）。

2. 生闷气。

3. 无论你说什么、做什么，他都好像表面同意顺从，实际上却总在和你唱反调。

4. 像个四岁的孩子，时不时发些小脾气。

凯伊和塞思结婚时，两人都三十多岁。他们都有全职工作，并且在同一家公司上班，所以两人每天一起开车上班，一起吃午饭，晚上一起回家做晚饭。他们制定了一个时间表，规定每天晚上该做什么，并严格执行。该时间表如下：

周一晚上：到健身房健身

周二晚上：在家度过

周三晚上：参加学习小组

周四晚上：邀请客人吃晚餐

周五晚上：在家（依偎着）享受观影之夜

周六：上午做早餐、洗衣服、做家务；下午一起做户外活动，如去公园郊游、听钢琴音乐会或去植物园游玩等

周日：去教堂，睡觉休息

五年之后，小塞思降临了，他们的时间表因此失效了。经过商量，凯伊辞去工作，做家庭主妇，家庭的预算同时被收紧。

塞思觉得，既然凯伊不用再工作了，那她就有时间做以前她曾做过的所有那些事情了，比如在他的午餐盒里放一张爱心字条，做烘焙曲奇等。他们每天晚上的时光肯定也像以前一样开心快乐，除了旁边多了一个躺在摇篮里的孩子。

第一个月，面对被孩子搅得一团糟的生活，塞思忍了。他心想：这应该是“过渡时期”，等过了这一段时间，凯伊会慢慢适应母亲的角色，他们的家庭生活也会走上正轨。

可是第二个月，情况依然没有任何改变。塞思每天晚上回到家，凯伊晚饭还没开始做。塞思属于那种“6 点钟准时吃晚饭的人”，他只好一言不发，换好衣服，拖着沉重的脚步走进厨房，默默地做晚

饭。而此时，凯伊正坐在摇椅上，专心地给孩子喂奶。

又过了两个月，夫妻俩体会到了睡眠不足的痛苦，这一点儿也不夸张。小塞思得了腹绞痛，哭个不停，凯伊只好整晚整晚地哄他，所以早上塞思出门上班时，凯伊常常在补觉。

塞思变得非常郁闷，好像自己受了很大的委屈和伤害。

凯伊也很郁闷：他到底怎么回事？难道他不知道我每天有多辛苦吗？一天到晚带孩子，累得筋疲力尽，早上根本起不来。孩子这么小，难道会自己换尿布、吃东西吗？

又过了两个星期，塞思每天回来都重重地摔门进卧室换衣服，然后去厨房做晚饭。每次做饭时，他总是把锅碗瓢盆弄得砰砰作响，仿佛在说："看我为你做的这些事！"

凯伊知道，丈夫下班回来还要做晚饭，肯定很不高兴，而且他还不喜欢吃那些罐头食品。可是，买些罐头食品放在餐桌上是她在围着孩子忙这忙那、累得晕头转向时，唯一能抽出时间做的事了。

> 美好姻缘天注定，不过要经营一段婚姻却需要两个人共同努力。
>
> ——无名氏

一天，为了让丈夫知道自己有多爱他，凯伊放弃了宝贵的小睡时间去做晚饭。她边做边在脑海里想象：当塞思回来，闻到烤箱里烤肉、胡萝卜和土豆的香味时，该有多么高兴。

不幸的是，正当塞思把车停到车库里时，孩子突然吐了凯伊一身。凯伊的头发、新换的衣服上沾满了污秽。当黏稠物滴滴答答地从她脸颊上流下来时，门开了，塞思走了进来。

他看了她一眼，爆发了："你到底怎么了？难道你就不能为我把自己收拾一下吗？"

塞思如同一个四岁的小孩一般，发了通脾气。这完全是因为他渴望得到妻子的注意，他本来拥有妻子全部的关注，现在却被剥夺了，他很不高兴。

你也许会想：这人真是个浑蛋，太过分了！真想狠狠踹他一脚。照顾婴儿多累、多辛苦啊，他难道不知道吗？

坦白地说，他确实不知道。他不是女人，没生过孩子。他一点儿都不了解二十四小时照顾一个什么都不懂的婴儿，是件多么让人心力交瘁的事儿。当他回家后，孩子可能只醒一个小时。半夜孩子哭闹的时候，是他的妻子去照顾、去哄（毕竟男人自己没有母乳可以喂食）。塞思可能会被吵醒一小会儿，但立刻就又沉沉地睡过去了。

所以，当他每天经过婴儿房的时候，他会想：哎，看来照顾婴儿不是件太难的事，她怎么就弄不好呢？她怎么就不再关注我了呢？

读到这儿，你也许有点儿生塞思的气，这也难免。确实，与同龄的男性相比，他可能表现得不够成熟，更自私。可是，每个男人都会有这样的时候。

当他像一个小孩的时候

男人有时候的所作所为真的会让人讨厌，所以学会透过他们的表面行为去揣摩他们真正想表达的意思，对女人来说很重要。

“我想要你注意到我，立刻！马上！”

在你看来，上面例子中的塞思可能很幼稚。女人每天马不停蹄地忙这忙那，还要花大量的时间去照顾什么都不会做的孩子，多么辛苦。

> 婚姻不是个体经营，而应该是合伙经营。
>
> ——无名氏

不过，请再想想：女人一般都很擅长转移注意力，比如，当两岁的孩子正在玩一个他不该玩的东西时，聪明的母亲会立即转移孩子的注意力。这个方法用在孩子身上会很奏效，所以她常常不自觉地将此方法用在丈夫身上。

清晨，当你洗漱完毕，梳妆打扮一番，穿上心爱的丝绸连衣裙，正准备漂漂亮亮地去参加上午的例会时，你丈夫走上来从背后抱住你。那时正好孩子不在周围（或者你们还没有小孩），你知道，他是想要和你亲昵一小会儿。

“现在不行，”你挣脱出他的怀抱，“我马上要出去了，晚上再说吧。”你边说边快步朝大门口走去，留下皱着眉头的他独自郁闷。

此刻他会想：在她的世界里，我一点儿位置都没有。

“你成天和孩子待在一起，我很嫉妒。你没有留一点儿时间陪我。”

看到这句话，你可能会惊愕得张大嘴巴，因为你完全没想到男人会有这样的想法。但事实的确如此。

对一个女人来说，她的丈夫与孩子待在一起，就等于与她待在一起，因为孩子是她的延续。这意味着，如果她丈夫爱他们的孩子，与孩子一起嬉戏玩耍，给他们读书，哄他们入睡，那么他一定也很爱她。这可以追溯到女性核心的关系需求。

每当我女儿收到我们送的鲜花时，她就知道这束花一定是母亲买的。“可是，爸爸，如果哪一天我收到的鲜花是你送的，那我一定会更开心！”在婚姻研讨会上，我总会和大家分享这件事，每次女性听众都会发出一声“哇”的惊叹。

“你们听到女士们的这声‘哇’了吗？”我问在场的男性听众。

他们低声笑着。

“好吧，”我说，“其实每个女人心里，都渴望能对你报以这一声

‘哇’。当你为女儿做一些贴心的事，让她感觉温暖时，你的妻子同样能感受到。这一点你们知道吗？”

他们恍然大悟。

女性的生活格言是：“爱屋及乌。如果你爱我，就要爱所有我爱的人，并且要对他们好。”

当你的他无微不至地关心女儿，对女儿倾注他的爱时，你会想：嫁给这样的男人，真是我的福气，我的选择是正确的。你感觉到，你的心和他更贴近了。

不过男人可不这么想。对一个男人来说，孩子是独立的个体，他不会在情感上将他们和他们的母亲联系在一起。事实上，男人更重视实实在在的东西，孩子在他眼中也是东西（没有冒犯孩子的意思），而且这件东西在与他争夺你的注意力。因此，他要竞争。现在孩子占据了你全部的时间和精力，而这些原本是属于他的。

他会耗尽你的精力，让你除了照顾孩子，还得去照顾他这个大孩子。因为你的大男孩，同样想要得到你全部的时间和注意力。

“莱曼博士，”你可能会不耐烦地问，“你的意思是说，当我丈夫表现得像个不懂事的小孩时，我还得好言好语地安慰他、哄他吗？他是个成年人，而且是个当父亲的人了，难道他非得这样吗？”

那么请问，你的孩子哭闹、撒娇时，你是不是每次都会去哄他呢？

我希望不是，否则他们将变得非常自私，心里只想着自己。如果你每次都娇惯他们，那他们会变得更加肆无忌惮。

对待丈夫也一样。

这里的关键是，你需要明白，孩子在你丈夫生活中的角色和地位与你的并不一样。如果处理不当，有可能会激起他的嫉妒之心，造成更糟糕的结果。

“我觉得在这个家里我什么事都做不了，你其实根本不需要我。”

我记得，当我的孙女阿德琳六个月大，我抱着她时的情景。她母亲把她放到我怀里，我抱着她，心里激动万分。几秒钟后，阿德琳看了我一眼，皱起眉头，好像快要哭的样子（我知道，我有时候看起来很吓人）。可当她瞥见她的母亲正站在我身旁时，她又恢复了平静。妈妈在旁边，所以一切都没事。虽然小孙女也认识我，听得出我的声音，可自然远不如她对母亲熟悉。如果她能选择，她肯定会选择让母亲抱，而不是我。

这也难怪，宝宝从被怀上开始，就与妈妈紧密相连，由妈妈喂养。母亲是与孩子在一起时间最多的人。

这个现实会让爸爸感觉被排挤到了一边。妈妈给孩子喂奶时，爸爸常常插不上手。当爸爸试图给孩子调制奶粉时，宝宝又会因为水温和妈妈平时调的不太一样而大哭大叫。

接下来会发生什么呢?

“宝宝乖，妈妈在呢。”妈妈接手了剩下的工作。宝宝立刻停止了哭闹，又奇迹般地安静下来。有妈妈在，一切问题都会被解决。

此时爸爸会有什么感受？他松了口气，可心里又有些不是滋味，觉得自己没有可以帮上忙的地方。

如果是善解人意的妻子，在这种情况下，她会告诉自己的丈夫：“亲爱的，没事，小孩子就是这样的。你做得已经很不错了，我很欣慰。今天晚上我想让孩子早点儿睡觉，这样我们就有时间好好聊聊。你能帮我把碗筷放进洗碗机吗？我们分工干活儿，同时弄完，然后我们就可以一起轻松轻松了。”

有时，女人的一句话有着无穷的力量，能神奇地改变男人的想法和感觉。你完全可以将他掌控在手中。你的几句话就能让他重新喜笑颜开，觉得自己在家里有一席之地。

在上面的例子中，聪明妻子的一席话，实际上能让他感受到以下几层意思：

1. 你知道他在尽他的最大努力照顾宝宝。

2. 你在想方设法地安排与他在一起的、不被打扰的时光，因为他对你很重要。

3. 你给他分配了任务，说明他并不是一无是处，虽然在照顾孩子方面他不在行，但还有很多其他事情他是可以做的。

4. 你在告诉他，你需要他，也需要他的帮助。

5. 你很期待与他单独相处的时光。

你会惊奇地发现，你的丈夫不仅积极地把餐具洗得干干净净的，还主动把整个厨房清扫了一遍。

毕竟，他非常期盼能与你享受二人世界，当然我说的不只是在床上。

你是他最亲密的人，只是有的时候，他要接近你，实在有点儿难。

鱼和熊掌，怎可兼得

在今天的美国，女性面临的一大难题是，似乎每个人都想要她做点儿什么，她恨不得自己有三头六臂。老板让她把备忘录准备好；教堂期待她每周一次的光临；孩子们要去三个不同的地方，都等着她送，而且一个小时后必须到那儿；学校老师希望她能在家里配合管好孩子；当然，为了给孩子们存足念大学的学费，她还得兼职卖玫琳凯 (Mary Kay) 的产品。

女人是天生的多面手，能同时应付很多事情，这一点确实比男人强。可是，如果你千方百计地想在公司里向上爬，如火如荼地在家里开展你的事业，或整天忙于亲自开车送孩子去这儿去那儿，那么，你和丈夫的关系将会首先受到影响。太多的女性，当她们从忙碌的生活中清醒过来时，却发现自己站在了离婚法庭上。

太多的琐事占据了她的时间和精力，让她无暇再去经营婚姻。转眼间，原本“甜蜜恩爱的一对”却以分手收场。外人看来光鲜外表的背后，是两颗伤痕累累的心。妻子觉得很累，因为她总是有太多的事要做；丈夫也觉得很累，因为他要不停地去竞争、去征服。最终，他们丢掉了最重要的东西——夫妻间融洽的关系。

遗憾的是，在当今的社会里，婚姻早已不那么受人重视了。分手和离婚都太轻易被说出口。有些名人换伴侣、换男女朋友的速度飞快，总认为下一个会更好。这样的事情，在小报中比比皆是。

千万别让自己落入这“邻家芳草绿，隔岸风景好”的陷阱。否则，等你真的到了对岸，你会发现那里也是杂草丛生。

经营婚姻就像修建房屋。地基要打得牢靠，材料也要选得恰当，而且钢筋必不可少，这样房屋才结实，经久耐用。否则，房屋表面看上去漂亮时尚，内里却布满裂痕。时间一长，那些裂痕会不断扩大，最终让整个房子土崩瓦解。

丹四十岁那年，在参加社区大学夜校学习时认识了三十二岁的琳恩。琳恩离异，有一个十三岁的儿子乔伊。丹还没结婚，不过非常喜欢小孩。两人约会时常常把乔伊带上。丹暗自窃喜：真是太棒了！如果我向她求婚，她答应的话，那我立刻就能成为父亲。这是我梦寐以求的啊！

三个月后，丹和琳恩结婚了。一个朋友劝他俩再考虑考虑，被他们谢绝了。他们认为自己是成年人，知道自己想要什么。

可是结婚之后，琳恩立马把全部精力都放在了儿子身上。她坚持把母亲这个身份放在第一位，而且乔伊也需要丹的爱。不过，她不允许丹对儿子有任何管教。“乔伊已经被他的生身父亲伤过一次

> 丈夫真正需要的只是一点儿同情，一点儿赞扬和一点儿欣赏。
> ——奥利弗·哥尔德斯密斯

了，”她说，“你只能爱他，不能管他。”

五年后，当乔伊上大学时，丹和琳恩的婚姻也宣告结束。他们没能携手共度余生，因为在他们家里只有一个焦点，那就是乔伊。现在乔伊去上大学了，他们还有什么共同话题呢？他们的结合太草率，婚姻根基并不稳固，“孩子第一”让他们婚姻的裂缝越来越大。当乔伊离开时，他们婚姻的房屋便立刻倒塌。

他渴望得到你的关注

大多数男人都有很多好哥们儿，也有不少生意上往来的伙伴，可是，真正被他视为知己的却寥寥无几。在他心目中，你拥有很高的地位，不管他口头上是否承认。

你能想到他为你放弃了什么吗？他本可以在附近的加油站与那帮哥们儿一起重新组装汽车，他也可以在夏天的时候和一群大学同学到餐馆里消磨时间，他还可以和兄弟们愉快地聊聊天，比如：

“你今晚打算做什么？”

“嗯，还没想好。”

结婚之前，我每天都在做些什么呢？我从小在一个小镇上长大，经常和一帮朋友在镇上有名的热狗铺前会合。那里有一个很大的停车场，我们会在那儿的长椅上坐几个小时，什么也不做。有些人会修理一下自己的车。

单身男人可以一周连续七天吃同样的饭菜，穿同一件衣服。面包有一点儿发霉，在男人看来并不是什么大事。男人房间里的装饰品是角落里从周二到周五每天增加一个、堆得如同金字塔般的比萨外卖盒。

这样看来，男人为女人放弃的并不多。事实上，男人和女人在一起，生活才变得丰富多彩，更有意义。这一点，你知道吗？

可是，女人总是很忙碌，操持家务，忙事业，还要应付各种各样的人际关系，她的时间被排得满满的。而与她最亲近的那个人——她的丈夫，却常常被冷落在饭桌前。如果孩子再被加进来，那留给丈夫的时间和空间就更微乎其微了。

另外，你的丈夫却又无比希望能得到你的注意。他迫切地想要与你有独处的时光。如果你在忙碌之中愤怒地瞥他一眼，眼神道出了你内心的想法——“噢，天哪！他能不能不要表现得这么幼稚”，这可不是他想看到的。其实，他唯一想要亲近的人，只有你。你在他心中是如此重要。这就是为什么对他来说，知道他在你生命中排在第一位，而不是你日程清单上的众多项目之一是如此重要。

> 婚姻是相互的，可有的时候，你需要做出让步。
>
> ——无名氏

他期盼和你一起去酒店共享浪漫的烛光晚餐，次数再多他都不嫌多。他渴望在手机关机、孩子在奶奶家过夜的情况下和你在卧室里共度浪漫的二人世界。

做真实的自己

每个人都有两个自我：一个是理想的自我，一个是现实的自我。理想的自我，是你希望别人看到的你的样子；而现实的自我，则是你真正的自己。

理想的自我和现实的自我差距越大，你的生活中就会出现越多的不和谐因素。如果你想方设法地去当一个不真实的自己，只会自寻烦恼。你会不断地对自己失望，也会让别人对你失望。

举个例子，你一直在努力维持自己的形象，想让自己在别人心目中是那种兼顾家庭事业、游刃有余的现代女性，有个完美的家（家里有丈夫、两个孩子和一条狗），家中总是打扫得一尘不染。有一天，你下班回家，发现厨房里一片狼藉，丈夫正穿着一件汗渍斑斑的套头衫，跷着二郎腿，坐在沙发上津津有味地看着重播的《橘郡机车》（*Orange County Choppers*），手里还拿着一块昨天剩下的比萨，那你一定会非常郁闷。如果那天刚好你的老板携妻子一小时后来你家吃晚饭，而你的丈夫事先答应会提前做饭，你大概会崩溃。

你理想的自我原本是把一切都计划得好好的：等老板和他妻子来的时候，他们看到的是一个精致可爱的、飘着淡淡茉莉花香气的家。你穿着一件女人味十足的晚礼服，面带微笑地站在门口迎接他们。餐桌早已布置整齐，中间摆放着一大束紫色的鲜花。别致的饭前甜点被盛在小碟中，放在沙发前的茶几上。你将他们介绍给你帅气的丈夫，他很得体地与他们打招呼，并无意中提起孩子们被隔壁邻居带去附近的社区大学打球了。至于你的爱犬弗雷达，你丈夫也早给它洗过澡，它看上去非常干净。这只狗对客人们热情讨好地摇摇尾巴后，便从侧门出去，到院子里玩去了。

可现实的情况是什么样呢？事后，你从别人那里听到了客人这样评价那天在你家的情形："她好像压力很大，我从她的脸上能看出来，"老板妻子说，"我真不希望别人为了请我们吃饭而把自己弄得很累。她家的客厅充斥着一股比萨的味道。这让人止不住猜想，那天的饭菜是不是从外面买的，虽然她极力申明饭菜都是他们自己做的。还有，她丈夫看上去心不在焉，他眼睛不停地瞄着电视，后来他说要出去带狗遛弯。看来他很不想待在家里。"

努力去做一个不真实的自己，会让周围每个人都有压力。这真的让人觉得很累，而且这样的掩饰，别人——尤其是你的丈夫——往往能一眼看穿。因为你们两人关系亲密，他不仅清楚地知道真实的你，还目睹了为达到某种目标而苦苦奋斗、纠结的你。具有讽刺意味的是，有的女人太想维持那个虚假的自我，有时候甚至在最爱她的人面前也试图掩盖她“真实的自我”。

但凡能获得幸福婚姻的夫妻，他们都懂得如何去弥合理想自我和现实自我的差距。他们会一起决定下一步该如何走。他们会花一些时间去了解彼此过去的生活，然后携手迈向新的篇章。至于别人对自己的看法，他们并不太在意。他们只在乎在彼此眼中，自己是怎样的一个人。

因为，从长远来看，这一点才是婚姻中最重要的。

小测试五 ...

1．你是这样的女人吗？

A．明明想说“不、不要、不想”，可嘴上却说“好的”。

B．明明没听懂笑话，却假装大笑，好让大家不至于尴尬（也让你自己显得有幽默细胞）。

C．发誓不再参加妇女慈善晚会（问题是，同样的誓言你已经连续说了六年）。

D．笑容满面地大赞你婆婆做的菜如何如何好，可实际上你最讨厌吃她做的菜。

E．在餐厅吃饭，你盘中的鲑鱼还活着，你却拒绝把这道菜退回厨房。

2．你的丈夫是这样的男人吗？

A．他永远都是正确的。

B．谈论起女性时，他总是带着蔑视和愤怒的语气。

C．即使他做了错事，那也是别人的错。

D．当事情没按他的意愿发展时，他要么大发脾气，要么板着脸一言不发。

E．和你吵架后，他将做爱视为弥补你们关系的万能药。

F．在任何事情上，无论是事业、打乒乓球，还是谈恋爱，他都想做赢家。

G．他常常抱怨他的员工或上司做事不靠谱。

H．即使你知道自己做的事是对的，他也会有办法让你觉得很愧疚。

答案请参见本书第285页。

你是一个“讨好者”吗

绝大多数女性都属于那种总想着让别人高兴的人，这给女人带来了不少烦恼。女人试图让每个人都开心满意，并且为之付出不懈努力。可是在此过程中，有很多人和事超出了女人的控制范围，让她无法做出正确的判断。这就像空姐从一位粗鲁的男性乘客座椅下打扫出一大堆垃圾后，还对他说“谢谢您”。

为了让每个人都高兴，这类女性往往不得不做出一个又一个欺骗行为，最终形成恶性循环。如果她家里有比较复杂的矛盾，那么她遇到的问题就更难了。她常常懊悔自责，觉得自己“应该”做这做那：我到底怎么了？那项工作我应该按时完成的，我也应该去学校接孩子。如果我做了这些事，马克就不会有压力，不会不高兴，也不会大发脾气了。都是我的错，我太愚笨了。

所以，她忙碌地应付着一件件事情，恨不得生出三头六臂，同时把每件事都做好。她内心有个声音在说：你应该做得更多、更好。这个声音让她无暇去品尝成功后的喜悦和快乐。别人赞扬她“这件事干得不错”，她却在想：如果我没做这件事，你还会喜欢我吗？所以，她很难说“不”，总是把自己的生活安排得如同打仗般紧张。

与此同时，和那个需要她的人相处的时间会被一再缩减。她有太多人际关系要处理，要不停地花时间和各种人打交道，他已经被排在了最后。他虽然嘴上不说，可心里想的是：看来，我对她已经不再重要了。

当今世界，女性能够从事任何职业，能够做任何她想做的事，包括当外科医生、律师，甚至当飞行员。这是不是意味着，所有的事情，她都应该去做？是不是意味着每一个摆在她面前的机会都是千载难逢的，她都应该立刻抓住大干一番？

想一想这个问题：如果你的丈夫现在坐在我的咨询室里，他会不会告诉我“如果运气好，我能在晚间新闻和《大卫深夜脱口秀》（*David Letterman*[1]）之间享受几分钟她的拥抱”？

假如你不幸罹患卵巢癌并已处于晚期，你会怎样度过余生？会和现在有所不同吗？这个问题能让你仔细思考什么才是生命中最重要的。很多所谓的忙碌奋斗，其实都只是过眼烟云，不是吗？

一段幸福的婚姻、一个快乐的家庭是值得你为之做出一点儿牺牲的。留出时间与爱人亲密相处、与孩子一同度过，你需要放弃一

1　这是美国一档有名的脱口秀节目。原文为 *David Letterman*，此节目全称应为 *The Late Show with David Letterman*。——译者注

些东西。你可能十多年不能换一辆新车，可能无法享受奢华的假期，也可能不得不在便宜小店里买衣服，而无法去诺德斯特龙[1]买。

可是，这些牺牲是值得的。不论是对你自己、你的丈夫，还是对你们的孩子，你放弃的这些都是值得的。

因为你那位高大强壮的丈夫，非常渴望你能需要他。

而且，如果你无法与他分享爱的时光，别人就会有机可乘。

那你又该怎么办呢?

男人私语

当他渴望得到你的注意的时候，你应该：

1. 耐心聆听他说的话。
2. 通过他的言谈举止，揣摩他内心的想法。
3. 尽量尊重他，即使他在某些事上不如你。
4. 想一想：他做的事情，我是否也能做呢？如果我努力过，却失败了，我会有怎样的感受？如果某件事情我做得不够好，别人接手替我完成，我心里又是什么滋味？
5. 表现出对他的爱和关心，不要把他的需求搁置太久。他真的很需要你。

1 Nordstrom，美国高档连锁百货商店，主要经营服装、饰品、包、化妆品、家居用品等产品。——编者注

你的丈夫有多顾家

一个男人如果是顾家型的，那是因为他的“王后”把他照顾得很好，让他觉得家才是他真正的归宿（哪怕家并不是他的城堡）。很多年前，人们常说家是一个女人的归宿，女性对这个论断表现出了极大的抵触情绪。准确来说，家同样也是男人的归宿。在外面，一个男人可能有很多个老板，只有在家里，他才有机会真正得到应有的尊严和尊重。每一个男人都需要一个温暖幸福的家，这样他才能身心健康。

我的工作要求我常常在外出差，不过我是非常顾家的。出差的时候，我总是迫不及待地想回家，而且经常给家里打电话，电话之频繁让桑德都有些郁闷。“唉，阿曼，”她说，“你现在可能在路上无聊，可我现在手上还有一大堆事要做呢！”对我来说，最美好的一天莫过于悠闲慵懒地待在家中。就算没什么事可做，我也很满足。别的地方我哪儿都不想去。

如果一个男人不是顾家型的，那他肯定会找各种机会离开家。

给手机充个电也能成为他离开家的理由。即使他很不情愿地回到家里，心也早已飞到其他地方去了。他的言谈举止都表明，他讨厌待在家里，如果有人这时候来“烦”他，他肯定会大发脾气。妻子和孩子只占他生活的一小部分，他们并不是排在第一位的。

一个男人如果是顾家型的，很大程度上是因为他在家里得到了足够的尊重和满足，他的妻子需要他，他在她心里永远是最重要的。那么，他会尽其所能，为这个家贡献一切，家才是他的归宿。他会毫不犹豫地推掉办公室的应酬，回家吃晚饭。他不在乎老板的威胁恐吓，绝对不错过儿子的球赛，会亲手把孩子抱上床睡觉。家里的东西坏了，他会及时修理，因为一个正常运转的家，对他来说非常重要。

你的丈夫是个顾家的男人吗？如果他不是，别急着去指责他，可以先问问你自己：

1. 你是否努力让你们的家对他充满吸引力？

2. 被尊重、被需要和被满足这三点，作为男人的他都得到了吗？

别忘了你丈夫的三大基本需求。在忙碌的生活中，不要忽视了那个离你最近的人。

可以行动起来，告诉你的爱人，你有多么爱他、多么感激他。

如果你们有孩子，可以当着孩子的面告诉他。

为你俩每周留出一个晚上。在日历上把这个日期标记出来，别让其他任何事情改变你的计划。

时不时地给他写一封充满爱意的邮件，或者在他的包里塞一张小字条，让他知道，他在你的生命中是多么重要。

对那个迫切需要你的人，你该做些什么

和男人相比，女人更善于同时应付多项任务。她们可以一边打电话，一边收拾餐桌，还能同时操控洗衣机，并且在第二天的日程表上再增加几条任务。而在同样的时间里，男人只会在电话里说上一句："喂，哪位？"

看着女人如此眼明手快、游刃有余地做这做那，我心里佩服得五体投地，但有时又觉得有点儿头晕。在生活中，面对众多的细枝末节和错综复杂的人际关系，女人似乎都能摆平。这时，男人会感到自己有点儿无能，有些许失落。

不过不管怎么说，对男人来说，女人的存在就是上天的最大恩赐。如果女人能为她的男人，同时也为她自己做以下这些事情，他会非常高兴。

1. 不把日程排得太满

现今社会，机会无所不在。要想抵制住各种诱惑，人们真的需要一些决心和定力，尤其对擅长同时做多件事的女人而言，更是如此。当男人想与他的另一半单独相处的时候，说明他真的需要拥有与她独处的时光。

如果你能为了闺密重新安排自己的行程，那么他也很渴望拥有这样的待遇。如果能听到你说“亲爱的，我想把计划重排一下，太满了，我想做点儿别的事情。你觉得我应该把哪几项删掉呢？我想让我的时间更多围着你转”，那对他来说无疑是天籁之音了。

你读到上面这段话时，也许会很愤怒：什么意思？让我围着你转？你以为你是谁？你以为现在还是男人当家做主的父权社会吗？

请冷静一下，消消气。看看你周围的人，你看到了怎样的结果？那些你认识的人，或者你的邻居中，有多少人的婚姻以离婚收场了？今天的通俗心理学家告诉人们：“你自己才是最重要的。”“别忘了继续订阅《自我》(*Self*) 杂志哦。”可是，现在的婚姻普遍只能维系七年甚至更少时间。你要怎样做才能摆脱“七年之痒”的魔咒呢？

也许这本书中的一些观点值得你深思。如果你对上面的那段话不屑一顾，甚至怒火中烧，那你很可能已被那种对男人和两性关系以偏概全的观点洗脑了——“男人，都一个样！”

劳拉（Laura）博士在她的著作《懂得体贴：魅力妻子对待丈夫的艺术》（*The Proper Care and Feeding of Husbands*）中，鼓励女性要把丈夫放在第一位。在其他书籍中，也有不少专家提出这样的观点。如果你的丈夫能明白，在婚姻中双方都需要妥协、谅解，那把他放在第一位，对你来说会容易得多。你会喜欢当女人，因为被他照顾、呵护的感觉很不错。

你丈夫为你做过哪些事来表现他很在意你？你能为他做些什么，让他感到你也很在乎他？

桑德的母亲几年前去世了。此后每年的 9 月 25 日——桑德的母亲的生日，我都会给桑德买一张小卡片，写上“我爱你”三个字，连同一小束红玫瑰一起送给她。

为什么我会这样做呢？因为我知道我的妻子在想些什么，我想满足她的需求，我想让她知道，她母亲的生日，我一直记在心里。如果这一天我没有任何表示，桑德也不会说什么，她会独自纪念这特殊的一天。

在婚姻生活中，男人的一些贴心小举动能回答女人们天天问的那些问题：“你真的爱我吗？你真的在乎我吗？”在桑德看来，我的行动响亮地回答了她心里的疑问——“是的，我爱你！”

梅琳达正苦恼自己的丈夫是否爱她，她的丈夫杰夫用实际行动回答了她：当她不在家时，虽然他工作也很繁忙，却仍抽出时间把家里的床单被套都清洗了一遍。

把他放在第一位，可能意味着家里有些事情无法及时完成，比如好几年也没能把房间彻底打扫一遍，不过正好男人不在乎这个。如果你们有一个两岁的儿子，还有一个四个月大的女儿，当孩子们睡觉的时候，他会宁愿你休息一会儿，而不是忙着去收拾房间。

你的一天只有二十四小时，想一想哪些事才是最重要的。

现在，不妨仔细看看你的日程安排表。今天你都安排了什么？明天呢？哪些事情能带给你快乐？哪些事情又会给你的生活和婚姻带来压力？用一个晚上静下心来想想，到底什么才是对你真正重要的。

你需要成为你的心和你的婚姻的守护者。给自己的计划瘦瘦身，让你的生活简单些。他将会对此充满感激。而且，你将发现，他会成为你梦寐以求的理想丈夫。

2. 来点儿创意吧

结婚后，单身生活的日子便一去不复返了。跨入婚姻殿堂，意味着你至少在理论上同意，丈夫将成为你生活的重心。有了孩子之后，你的责任又多一层。要是你还有一份坐班的全职工作，那你可就有的忙了。

如果你说“不管怎样，我都要在十五年内爬上公司高管的位置”，或者“我是不会放弃我教堂助理的兼职的”，那你给自己规划的任务就太多了。这样，你和你的家庭都将为此付出某些代价。

为什么不发挥点儿创意呢？卡曼和她丈夫在领养孩子前，都在公司工作，常年出差。小爱玛进入他们的生活后，为了支付领养费，卡曼必须继续工作。不过，通过与公司协调沟通，她开始了另一种工作方式。由于公司办公室十分紧缺，卡曼在公司的工作又非常出色，而她的大部分工作其实都可以在家里完成。于是，她与公司达成协议，每周只在公司办公室开两个小时会。

“当然，我失去了在摩天大楼里鸟瞰全城风景的机会，”卡曼笑着说，“同事们都说我那间办公室是全公司最好的，他们不相信我真的舍得放弃。不过，从长远来看，我的选择是很明智的。我既有一份全职工作，能享受各种福利保险，还能一天二十四小时待在家里陪着女儿。重回那间办公室的机会很渺茫，不过我并不在乎。现在爱玛才是我生活的重心。没错，事业上的晋升曾经是我最重要的事，可如今我的看法已经改变了。”

在当今互联网信息技术如此发达的时代，女性在家里办公变得更容易了。你何不试试呢？每周少工作一天，并利用这一天处理好各种杂事，这样晚上和周末的时间就都会空出来了。

我的助理黛比，以前和我在同一间办公室里工作。我的办公室坐落在图森市中心的一栋三层大楼里，占据了整个第三层楼。大楼的外墙上还用十六英寸黑体大字写着我的名字，从很远的地方就能看到。不过，这已经是过去的事了。我很器重我的助理，她的需求变了，我只能随她一起改变。当她告诉我“因为丈夫在外工作，我每天要接送女儿上学放学，还要兼顾工作，非常辛苦”时，我很乐意地重新调整了自己的工作时间。如今，黛比完全在家里办公。这样的安排对我们两个人都非常好，因为我也能大部分时间都待在家里了。不上班的时候，我会开车送我的小女儿劳拉上学放学，我很享受这种感觉。

3. 把他放在第一位，孩子其次

让我们来假设一个场景。现在我正在遥远的国度出差，会议期间有五分钟的休息时间，我很想妻子，于是给她打了个电话。可是，短暂的交谈至少被孩子打断了五次，导致我兴致全无，于是对她说：“好吧，下次再说。”等挂了电话，我才想起，原本想告诉她的甜言蜜语，一句都还没有机会说。

你如果允许孩子来打搅你和丈夫的时光，那无疑是在告诉他，在你心中，别人的需求比他的更重要。

他很希望你能对孩子们说：“等一等，我正和你们爸爸说话呢。”

这样的话能让他感觉到你很在乎与他的交谈，而且在孩子面前，你们是站在同一条战线上的。你丈夫那颗脆弱的心得到了满足：看来你并没有把我当成麻烦，你确实很在意我这个人。

有时候，孩子会成为影响你们夫妻关系的人。他们和你的丈夫竞争，争夺你的注意力。他们就像美国第二大汽车租赁公司安飞士（AVIS）的宣传口号那样：因为我们是第二，所以我们加倍努力。

因此，不要让孩子扰乱你和丈夫的谈话。必要的时候，给他们一个严厉的眼神，让他们回到自己的位置（他们排第二，爸爸排第一）。要让他们知道，当爸爸与妈妈讲话的时候，除非房子着火了，否则不可以打搅。

总有一天，孩子会羽翼丰满，飞出去寻找他们的天空。到那时，你的小家又会只剩下你和丈夫。难道你愿意在这个时候，彼此四目相对，却再也找不到可谈论的话题吗？因此，不要将你所有的注意力都放在孩子身上。男人知道，有的时候，孩子应该排第一，尤其是当孩子年幼或生病时。不过，如果孩子永远都坐在第一的位置上，男人会很伤心。

> 每一个父母都应该让孩子知道：我和你爸爸（妈妈）是在同一战壕的。
>
> ——乔希·比林斯（Josh Billings）

4. 尊重他，他会为你做任何事

很多女性，每一天都很忙碌。72% 有孩子的女性，都有全职工作。她们是家里的中坚力量，能同时做 1200 件事情。看到丈夫下班回来推开门时，很多女性可能会心中窃喜：啊哈，总算来了个帮手，赶快让他过来帮忙。

“你回来啦！太好了！你能看一会儿孩子吗？我得做晚饭，还要打几个电话。”

> 女人的双眼，能窥见男人内心的光芒。
>
> ——无名氏

可是，此时大部分男士却对这样的要求极不情愿。他会想：我得赶紧洗个澡，今天真的太累了。他洗完澡从卫生间出来，看上去仍一脸疲惫。此时如果你对孩子说“孩子们，我知道你们想和爸爸玩，不过，先让爸爸休息一会儿，好不好”，会发生什么？他会心甘情愿地开始照顾孩子，因为在他看来，你很尊重他，把他摆在了第一位，而且你用言语告诉了孩子：“你们得靠边站一会儿，爸爸是第一位的，他需要休息。”出乎意料地，他会立刻精力充沛地说：“来吧，宝贝们，我没事。别打搅妈妈做饭，我们到后院玩会儿棒球吧！亲爱的，你觉得呢？”

男人一旦得到了尊重，明白了他在你心中的地位，就愿意为你做任何事。就像有的丈夫会在他休息的时候，带三个女儿去公园玩耍，让妻子在家里尽情放松休息——喝喝茶、看看书、跷着腿听音乐，再美美地睡上一觉。

等丈夫带着孩子回到家中，妻子肯定心情非常愉悦。她心情很好，肯定更愿意早点儿哄孩子睡觉，然后与丈夫一起享受他们的甜蜜时光。

如果男人想要呵护他的妻子，他可以：

（1）帮助她做饭、洗碗、收拾桌子。这是女人对“我爱你”的理解。

（2）主动收拾房间，即使房间不是你弄乱的，并且脸上不能有一副英勇就义的表情。

（3）带孩子玩，让她能休息一会儿。

（4）提醒自己：下班回家后，你是属于妻儿的。所以如果有可能的话，在回家之前，让自己先“排排毒”，把所有工作上的不顺和压抑都释放掉，不要将它们带回家中。

（5）做任何决定时，与她齐心协力。她不想感觉被孤立起来。

如果女人想要呵护她的丈夫，她可以：

（1）让孩子按时睡觉（尤其是当丈夫挤眉弄眼发出暗示时，更应该安排孩子早一点儿就寝）。

（2）每天给自己留一些休息时间，这样当他回家的时候，自己不至于太疲惫。

（3）当他想亲热时，不要让他等待太久，也不要说：“现在不行。”如果时机确实不合适，可以用一种性感挑逗的语气告诉他：“你知道吗？我也很想你。这样吧，我们定个时间，今晚7点怎么样？我会准备好，等着你……而且，

我一天都会非常想你。”

有的时候，男人的大脑会有点儿笨，转不过弯来。不过，他们有很强的可塑性。而且，为了得到女人的注意力，他愿意做任何事情，因为他的女人对他而言是如此重要。

第五章

女人走心，男人走肾

男人和女人的想法千差万别，这一点有据可依。

一个三十五岁的男人坐在我的咨询室里，看起来非常苦恼。

“我真的无法控制自己，”他坦承，“我喜欢盯着大街上的美女看。那天，一个金发辣妹从我身边走过，我竟然……”他耷拉着脑袋，“博士，你知道我的意思。可是，我确实不是故意去看她的……真的！我爱我的妻子。我这是怎么了？”

其实这个人一点儿问题都没有，他很正常。

请抑制住你内心的怒火，先听我说。在这章中我将要谈及的内容，对你了解你的丈夫至关重要。

在今天这个世界，他每天会看到多少性感美丽的身体？在他从公司下班回家的这一个小时的路上，他的眼前充斥着无数的广告牌，从热狗广告、滤油器广告再到汽车广告，五花八门，包罗万象。不过，这些广告牌都有一个共同点，那就是上面都有一个含情脉脉、身材火爆的美女。凡是你丈夫所到之处，这些形象无所不在。麦迪逊大街上的那些商家更是争着抢着请身材曼妙的模特来代言各种商品。

所有这些都会让你的丈夫内心无比煎熬。

前些天，我和兄弟傻蛋去看布法罗比尔队（the Buffalo Bills）的比赛，站在走道里的一位妙龄少女突然弯下腰来。那时，她浑圆的臀部离我的脸不到八英寸，我和傻蛋彼此对视，会心大笑。

“等等，莱曼博士！”你也许会说，“你怎么能这么轻浮随便呢？你可是已婚男人，居然盯着另一个女人的臀部看？如果我是你妻子，那……”

关键点就在这儿。傻蛋和我之所以会开怀大笑，是因为我们知道，这样的斗争煎熬男人每天都会遇到。坦然地承认，反而让我们能更加客观正确地去看待它。

男人和女人对性的认识有很大的区别。举个例子，假如你和闺密在商场里闲逛，突然一个帅哥与你们擦肩而过。你和闺密会有点儿花痴地对帅哥注目一小会儿，等他走出你们的视线，这次短暂的邂逅也就结束了，它不会在你的生活中留下任何印记，从此以后你不会再想起那位无名帅哥。一个女人要是真正为一个男人动了心，那是因为他能够呵护她的感情、满足她的需要、照顾她的一点一滴，而不单单是因为性。

但是男人不属于关系型，他更在乎实实在在的东西。女人的一颦一笑都有可能让他内心荡漾。这意味着，你的丈夫，他看到什么，也许就会记在心上。如果他在高速路上瞥见广告牌里穿着艳红长裙的性感女人，到了晚上，甚至一周、一个月后，这位美女可能还会在他脑海里，挥之不去。

即使他婚姻美满，一想起那位红衣美女，他还是会忍不住心跳加速、血脉偾张。

再爱我一次

男人脑海里平均每天会有三十三次性幻想。当我告诉桑德这个统计时，她说："哇，真恶心。"

你可能也会有同样的反应，因为你只有在他提起性时，才会想到性。

其实不管男人女人，性都是人的基本需求之一。不过，我想先清楚地申明一点。我完全坚信：

1. 性爱属于夫妻。

2. 性爱也只属于夫妻，只属于两个承诺携手一生一世的人。

这才是性爱的真正含义。唯一的"安全的性爱"——无论是情感上，还是身体上——是与婚姻密不可分的。

你也许会觉得我是维多利亚时代的老古董，不过我始终认为，只有夫妻才能拥有如此亲密的关系。当一个男人和一个女人走到一起，此后一生，他们要彼此扶持，彼此鼓励，对彼此忠诚，这其中就包括在性方面的忠诚。

性爱本来就不是一种没有任何感情的行为。不论你是否愿意，你都会在精神和情感上与你的性伴侣产生千丝万缕的联系。这就是为什么有些婚前就有性行为的人，脑海里会时常不自觉地“闪现”过去的一些画面，而且有时在与爱人性爱的过程中出现某种障碍。

性生活方面很随便的人，不论是身体、精神上，还是感情上，都是很危险的。有很多调查都显示了这一结果。其中一个美国全国性的调查表明，在被调查的1800对夫妻中，婚前有过同居经历的人的离婚率要高出没有同居经历的人两倍。而且，他们在婚姻中与爱人的沟通质量和婚姻稳定性，也要差很多。

因此，性爱应该只与自己深爱的人进行。而且，如果你们的关系已经深到能进行性爱的地步，你们就应承诺彼此一生一世的婚姻。

有人曾说，女人做爱需要一个理由，而男人只需要一个地点。男人离不开性爱，他们需要它、想念它并且努力得到它。一个身心健全的已婚男人，如果生活中没有性爱，那他的人生便是不完整的。如果家里的生孩子计划完全由女人来决定，那现在世界上的婴儿要少很多。

男人天生喜欢欣赏美丽的女性。一个已婚男人，虽然很爱他的妻子，但也会忍不住瞥一眼旁边那位身穿红裙的性感女人。他也可能在餐厅里直直地盯着一位穿着粉红迷你裙的美女出神，这都很正常。

如果他的妻子心里嘀咕："你怎么能这样？太龌龊了！"那她就有点儿不明智了。

如果他的妻子暗想："哼！他在看那个身穿红衣的女人？我的衣柜里有这样的衣服吗？"那她才真正抓到了要点。过不了多久，等她从衣柜的角落里翻出那件红色短裙，突然出现在丈夫面前时，他绝对会被她迷倒。

观察夫妻对性生活的认知，能够很大程度上看出这对夫妻日后的婚姻是否和谐幸福。很多数据统计都证明了这一点。我曾写过《乐谱：婚姻里美满性爱的秘密》（*Sheet Music: Uncovering the Secrets of Sexual Intimacy in Marriage*）一书，专门谈到这个问题。如果睡觉前读几页，你和你的爱人都能收获不少。

在与你的性爱上，他永远不会觉得已经足够。就像乐坛老搭档船长与塔妮尔的那首经典歌曲里唱的："再爱我一次吧。像你这样的女人，一次怎么够？"

男人从性爱中能得到什么

性爱是男人活力的源泉。它能给他信心，能让他感到幸福和满足。当他正在为棘手难办的工作苦苦奋斗时，如果他知道劳累一天过后，会有娇妻在家里等着他，那他定会意气风发、干劲十足，因为他有了目标。

性爱是男人生活的平衡剂。今天，会计来找他催缴所得税，可他最近生意正捉襟见肘，或者他找工作碰了壁，要是回家后能得到妻子的抚慰，那这一切烦恼都会消解。对男人来说，性爱的神奇功效无法数清：从细菌感染、腿部长脓包到感冒、出水痘，当然还有婚姻中各种各样的矛盾，在性爱面前都不是问题。比如，一个男人和他妻子打了一架，但晚上他们还是亲热了一番，那他之前的所有愤怒不悦都会烟消云散。当然，在他妻子看来，他们之间的问题丝毫没有减少，除非他们能好好坐下来谈谈。

但是，你如果给他的“性致”泼上一盆冷水，就可能会得到他的“报复”。

举个例子，你看到丈夫正躺在沙发上悠闲自得，而你正忙得不可开交。于是，你对他说："亲爱的，你现在能带我妈妈去超市买东西吗？"

他头也不抬："不行！"

"为什么不行？你现在在看电视啊。"

"我很忙。"

"但你看起来一点儿都不忙。"

"看起来怎么样我不管，但我就是很忙。如果你妈妈要去超市，你怎么不带她去？"

他这是怎么回事？

这就是他的报复行为。当然，他报复的方式还有很多，远不止这一种。这位丈夫现在心里想的是："哼，她昨天拒绝我，那我现在也要拒绝她一次。"

如果他说："孩子今晚回来吗？"

他的意思是："我想和你缠绵，没有任何人来打搅我们。"

没错，男人有时候表现得像个小孩子。这样说并不是意味着这样很好或值得表扬，只是男人就是这样的人。你嫁的是一个活生生、真实的世俗男人，而这个男人渴望性爱。

婚姻生活中，你能做的一件成功的事，就是与你丈夫保持和谐性爱。只要做到这一点，你就帮了他一个大忙。男人会从照顾家人中获得很大的满足感和成就感，而这其中重要的一项就是成为你的爱人。

你想要让他永远只待在你一个人身边，做你的灵魂伴侣吗？如果他每晚进入梦乡前，脸上都挂着甜甜的笑意，心里美滋滋地想：我是世界上最快乐的人了吧？那他还有什么不能为你做呢？

学着做一个热情似火的爱人能让你的婚姻坚如磐石，也能让他在婚姻中具有满足感。

你对自己的身体满意吗

前面我举过一个例子，如果你的丈夫对那位红衣女郎望得出神，你不妨也试试穿条红裙子诱惑一下他。

不过，肯定有不少女士这时会想：嗯，你说得没错，但我的身材远远不如那个红衣女郎。

其实，你不必担忧。虽然你丈夫希望你保持身材，但其实他对哪里少一点或多一点肉并不在意。他想要的，只是一个一心想着他的娇妻。这样就能让你略微臃肿的身体在他眼中立刻变得纤细骨感，也能让你原本就不错的身材锦上添花，令他对你痴迷不已。

你的丈夫，他喜欢看着你，你在他深情的眼眸里如此美丽动人，让他神魂颠倒。所以，请不要剥夺了他的乐趣，让他尽情地好好看看你。

如果你不习惯这么赤裸裸地被他直视，可以将灯光调暗一些。不过别调得太暗，否则他就无法看清你了。

为什么女人总不愿意袒露自己的身体，哪怕是在她最爱的人面前也有所顾忌呢？

很多女人，都对自己的身体不自信，至少来我这里咨询的不少女性都这么认为。根据《今日心理学》（*Psychology Today*）杂志的一项调查，有超过50%的美国女性对自己的容貌和身材不满意。而据我的经验，这个概率远比50%高。即使有些女性明白，自己的容貌和身材都是独一无二的，可在私下里，她们仍然不能坦然地面对自己镜中的身体。

> 你可能觉得自己有一些不尽如人意之处，可你会忍受别人也同样对你评头论足吗？
>
> ——托马斯·卡什（Thomas Cash）
> 《身体意象手册》（*The Body Image Workbook*）

这是为什么呢？因为不论你走到哪里，你所看到、听到的都让你有些自惭形秽。当你看电视剧时，里面的妈妈们全都穿着紧身毛衣，挺着傲人的胸。你低下头，看着自己的胸，再看看逐渐变粗的大腿，愈加郁闷——为什么它就长错了地方呢？要是能把这些肉从这儿放到那儿，该多好。

也许你的腰间已出现了不少“游泳圈”，所以你不好意思穿性感睡衣，担心他会取笑你；或者你已经是三个孩子的母亲，原本光滑的小腹早已布满褶皱，即使他一再申明，你在他眼里风采依旧，你也不愿在他面前完全展示自己。

你认为，你的丈夫不会迷恋你的身体，因为你没有杂志女模特那般的魔鬼身材。可是，你的男人难道就拥有杂志男模特那般帅气的脸庞吗？要知道，杂志上的照片都经过了无数次的精修，都是艺术照。上面的模特和真人差距很大，你的丈夫才是活生生的，你看得见、摸得着，而且他正等着爱你，爱你的全部。

你对性爱的看法，受到了你父亲怎样的影响

如果你在一个很传统的家庭中长大，从小父母就严格地教导你身体的哪些部位是绝对禁区，那么短短的新婚之夜很难改变你的观点。在你的脑海里，性爱是很忌讳的、最好不要提及的话题。性爱仅仅是为了子孙的延续，此外，它压根儿就不应该存在。

那么，请回忆一下：你的父母之间常有亲昵的举动吗？当你父亲试图与你母亲亲密互动时，你母亲是不是经常立马推开他的手？你父亲对你和你母亲是否非常冷漠？他是否常常打骂你们，从来不关心你们？最重要的是，你对与丈夫性爱方面的看法，受到了他们怎样的影响？

也许你小时候曾在父亲的卧室里发现他收集的色情杂志，上面的图片在你的脑海里留下了深刻的印象，还有一些女性幼年时受到过父亲的性侵犯。这种情况致使这些女性此后不会再相信任何男人，即使她们知道丈夫爱着自己，仍然很排斥与丈夫的亲密行为，并将其视为对自己的侵害。这是童年时期的噩梦在她们身上留下的祸根，不

论是这些女性，还是她们的丈夫，都会因此付出沉重的代价。

具有讽刺意味的是，有些曾受过性侵犯的女性选择结婚，恰恰是为了逃避性爱。如果她的丈夫对她很好，那么她会想当然地认为，他一定不会侵犯自己，不会与自己发生性关系。一旦结了婚，她就可以永远摆脱性爱的梦魇，再也不用为此提心吊胆了。

如果你不幸有过类似的经历，建议你读一读丹·艾伦德（Dan Allender）博士所著的《受伤的心》（*The Wounded Heart*）一书。此外，琳达·迪洛（Linda Dillow）和洛兰·平图斯（Lorraine Pintus）共同编写的《隐私话题：女人与女人的对话》（*Intimate Issues: Conversations Woman to Woman*），应该成为每个女人的必读书。

如果你与父亲之间的关系健康正常，那你会更加相信自己的丈夫，夫妻床笫之欢的障碍也会少很多。你会很自然地将自己的身心都交给丈夫，因为你觉得很安全。即使身材走样，即使肚皮上的赘肉让你不再有S形身材的风采，你也很坦然。

性爱的作用：

1. 让人的生命得到延续；
2. 让爱人亲密无间；
3. 让人获得知识；
4. 让人享受愉悦；
5. 让人能抵制住诱惑；
6. 让人能得到慰藉。

为什么现在不行

当你对着镜子涂睫毛膏的时候，你丈夫蹑手蹑脚走过来，从背后抱住你，手在你的胸前蹭着。此时，你是否会打掉他的手，坚决地说："现在不行！"

为什么现在不行？

让他爱抚一下需要多长时间呢？十秒钟？二十秒钟？难道你连这一点儿时间都不能给你的丈夫吗？

你可能会说：莱曼博士，你不知道，如果允许他抚摸我，那十秒钟内我肯定已经躺在地上盯着天花板了。我的衣服会被扔得到处都是，头发乱作一团，脸上刚化好的妆也肯定会花掉，上班肯定会迟到。

那么请想一想：为了和谐美满的婚姻，一年偶尔迟到一两次是不是值得呢？

这种情况下，妻子可以有两种截然不同的反应：第一，毅然决然推开丈夫伸过来的手；第二，娇羞地笑着，甚至允许丈夫得寸进尺一小会儿，然后贴着他的耳朵小声告诉他："亲爱的，你真好。但是我真的要去上班了，好遗憾啊！不过呢，我们晚上继续，到时候我什么都听你的。"第二种妻子，衣冠整齐、脸上的胭脂水粉一点儿没掉，却能让她的丈夫心满意足。而第一种妻子，为了省下那六十到九十秒钟，却让丈夫的男性自我备受打击。这一两分钟可能会让你付出比较昂贵的代价。

蜜月结束后的十大变化：

#10　晚餐前的固定节目变成了喝开胃酒。

#9　你开始坐在火炉前取暖。

#8　他一条内裤穿了三天，一件T恤穿了四天。

#7　你一头倒在枕头上，说："来吧。"他也一头倒在枕头上，回应："好吧。"速战速决后，你们立刻酣然睡去。

#6　你们接吻的平均时间是十分之一秒甚至更短。

#5　你最近一次看见鲜花，还是在你叔叔的葬礼上。

#4　早餐时，他全神贯注读着体育报纸，你在一旁坐着发呆。

#3　你的头发染烫十六周后，他才注意到。

#2　每晚，你都能不受干扰地从天黑睡到天亮。

#1　他洗澡出来后再也不会为你跳舞了。

婚姻中不能仅有“试试”

男人也是有感觉的。他们比大多数女性想象的更脆弱。他想要讨好他的女人，可是他的感觉却非常容易受伤。

你想犒劳一下你的丈夫吗？那么，可以在下一次当他从背后抱着你，心里想着你肯定会一把将他推开时，不要说话，让他尽兴。

男人和女人想的很不一样。当我看到桑德弯下腰去打开洗碗机时，我会故意说一些挑逗的话，比如：“你想知道我现在在想什么吗？”

“不，阿曼，”她回答，“我不想知道你在想什么。一边待着去。”

女人弯腰的一幕，在男人眼中意味深长（就像前面我提到的看布法罗比尔队比赛时的一幕）。男人都是视觉动物。每天在男人眼前晃动的诱惑实在太多了，不少男人一整天都处在兴奋的状态。

假设一下桑德弯腰的另一种情境。我对她说同样的话，她回答：“阿曼，我们家的开心先生就喜欢时不时来点儿性致，不过他不是总这么幸运地能够立刻得到他想要的。但是，我要告诉你，开心先生今晚可以大展身手。我可是非常非常期待哦。”

如果桑德能够这样说，那么效果会比她立刻就范好很多。因为她利用了期盼的强大力量。对于一个男人来说，给他一种期盼比让他立刻得到更能刺激他的感觉。

如果一个妻子对丈夫讲“今天晚上我等你”，就能给他一整天的兴奋和满足。这难道不是一招让你丈夫一整天都对你魂牵梦绕的妙计吗？

说话和行动的技巧很重要。当你丈夫准备出门，回头在你唇上蜻蜓点水地一吻时，你抱住他，给他一个法式深吻，然后暧昧地告诉他，“亲爱的，今晚我为你准备了一份神秘大礼，下班后快点儿回来哦”，那你的身影会在他的脑海里待上一整天。

结婚几年后，桑德曾对我说：“莱曼，要挑逗你真不需要费多大劲。”不少来我这里咨询的少妇总是抱怨丈夫的性欲强得让她们震惊。她们有时还想过，如果自己顺了他们的意，那几天后他们就能“恢复正常”吗？不可能。下一周，他们依然会卷土重来。

这种“永远跃跃欲试”的精神状态，不是男人串通好了的，他们的生理和心理就是这样的。你丈夫希望能被你的内在吸引，并通过与你进行持续的肢体接触，对你不离不弃，和你携手共进。

女人是如何衡量爱的呢？她如何判断男人是否真的在乎她？女人需要的爱，远远不只存在于卧室中。她所渴望的是在每天一点一滴的小事中感受到他的爱和呵护。

如果你想得到这样的爱，重视你的男人的需求就是必不可少的条件。如果他被满足了，那么对于你逛商店、修水龙头之类的请求，他不仅不会拒绝，而且会殷勤地为你做一切事情。你同他讲话时，他也不再无动于衷，而是会用心仔细聆听。

“可是，莱曼博士，”你也许会说，“我试过了，可是没用。”

在婚姻中，你不能仅仅“试试”就算了，而要将它变成一种生活习惯。一次惬意的性爱能让他满足、感激——当然只是感激一小会儿。假如此后，你又五次浇灭了他的热情，那他所记得的，只会是你这五次的断然拒绝，而不是那一次的满足。男人的生理构造决定了性是他们的基本需要。要是一个女人利用这一点来操控她的男人，他会非常记恨。可如果她能够温柔、热情地满足他的需要，他就会心存感激，并在生活的其他方面回报她。

性爱上获得满足的男人，会在上班的途中想：我真是世上最幸福的男人，娶了这样一位妻子真是太好了！下班回家的路上，他也会思忖：今晚我能为妻子做些什么呢？即使他今天工作不顺，想法依然不会改变，因为他知道，他的娇妻正在家里等着他。

时不时来点儿挑逗性的手势，能让你的婚姻更加浪漫甜美。为什么不试试呢？

角色颠倒

婚姻中有 15% 的夫妻对性的看法和表现是完全颠倒的，在他们的婚姻里，对性头疼的，不是妻子，而是丈夫。丈夫总是抱怨说，自己太累太乏，而她却想要更多。为什么会这样呢？

大多数情况下，这是由这些男人从小所受到的性教育所致。在他们看来，性爱是很肮脏很龌龊的事情。当然，这也可能是因为他家有一个太强势的女性，让他一直处于被剥削被压迫的地位，所以他只好采取消极反叛行为，为的是证明自己能控制妻子，他在等她来求自己。此外，他对性爱持逃避态度还可能因为他有同性恋倾向，或者他曾受到过性侵犯。

如果你的婚姻中出现了以上情况，可以试着让你的丈夫去做一些心理咨询。若是他不介意，你也可以陪他一起去。

据统计，在美国有 40% 的女孩曾受到过性侵犯，男孩的比例大概有 10%。

假如你或者你的丈夫曾受到过侵犯，不要因此消沉逃避，任由这个伤口不断发炎化脓，应该想一想如何面对这个问题。过去的经历不堪回首，你们因此付出了一定的代价。可是现在，你们要学会掌控生活，让你们的人生和婚姻更加健康。你们有勇气做到这一点吗?

如果一个男人有一位专横、控制欲极强的母亲，那么当他的妻子在性爱上咄咄逼人的时候，他就会以“太累了”等托词拒绝她的要求。反之，倘若一个男人有一位温柔睿智的母亲，从小就教育他如何尊重女性，那基本上他在与妻子的性事方面不会有太多障碍。

他其实很想取悦你

诚然，你的丈夫需要性爱，因为他能从中获得身心上的满足。不过，他之所以这样，不仅仅是为了自身的愉悦，更是为了让你快乐。他喜欢看到你陶醉在他带给你的无限快感中。每当这时，他会深情地注视着你，在心里对自己说："我能让她如此享受，真是太好了。"

如果他没能达到目的，就会很沮丧、孤单，觉得妻子不爱他。毕竟，每一个男人都想成为妻子心目中的英雄。

男人曾经是一个怎样的小男孩，长大后一点儿也没变。男人仍然想让他生命中最重要的女性高兴。小时候，他们想讨好妈妈；长大后，他们开始拼命讨好自己的妻子。也就是说，你的丈夫很渴望与你浪漫相处，不过他会有些许担心，怕自己不能成功，也不知该如何面对自己的不成功。

如果你是一个聪明的妻子，明白竞争和输赢对男人的重要性，那你就会想办法助他一臂之力。

纯粹柏拉图式的精神恋爱，也不是没有可能。你们可以一起吃饭、一起庆祝各种节日，有孩子的话，还能共同抚育子女。结婚纪念日时你们互赠礼物。你们也有过不少敞开心扉的深谈。在紧急情况下，你们甚至会借用一下彼此的牙刷，或者在如厕时让对方给你递上一卷卫生纸。

可是，你们的婚姻中始终缺少了点儿什么。

和谐的性爱能让你们的婚姻保持新鲜，让你们忘记日常琐事的烦闷和无趣，为你们的生活增光添彩。

我们生活中有 90% 的时间都在忙于应付各种无聊的事情，比如给宝宝换尿布，打扫永远打扫不完的卫生，支付名目繁多的账单或者在加油站排队加油。不论男人还是女人，每天都有很多枯燥的工作要做，例如在杂货店挑选物品、往墙上钉钉子、进行重复的数学运算，诸如此类的杂事无法数清。我认识几位很有名望的律师和牙医，他们告诉我，其实他们早已厌倦了自己的职业，只是为了高薪才继续坚持，因为他们肩上的担子实在太沉重了。

我们每个人都要承担一定的责任和义务，活得非常辛苦。劳累一天后（有时也在一天伊始），工作都做完了，孩子也上床睡觉了，我们可以躺在温暖的家中，与自己的爱人彼此亲吻，那种感觉仿佛置身于另一个世界，所有的烦恼都烟消云散，剩下的只有无尽的快乐。

如何培养自己对性爱的渴望

美满的性生活如同一管强力胶，能把夫妻二人紧密连在一起。对女人来说，忙碌、劳累和压力则是性爱最大的敌人。

一本女性杂志对此有非常精辟的论述：

> 当你备感疲倦的时候，最不想做的事是什么？如果你的答案是性爱，那你会找到很多同盟军。据估计，有超过2400万的美国女性表示，她们因为没时间、太疲惫而不想，或者有时压根儿就没心情和丈夫做爱。据女性时尚杂志《红皮书》（*Redbook*）的调查，有33%的读者认为，疲倦是她们逃避性爱的第一大借口。所以，她们对丈夫说“下次吧”，所谓的下次有可能是很久很久之后了。你也许没有注意到，长时间缺乏性爱，非但不会让你有小别胜新婚的感觉，反而会导致夫妻双方对性爱更加冷淡。
>
> 相反，性爱次数越多，越能激发爱人对性爱的渴望。

研究表明，性爱能够刺激人类大脑中的某种化学物质的分泌，而这种物质控制着人的欲望。

性爱不仅可以使夫妻享受到无比的快感，还可以改善夫妻关系，随着时间的流逝这种关系会变得越发坚不可摧。

如果你想要这样的生活，首先要减少自己的日程安排。这几年，我一直不停地在书籍和演讲中控诉当今过快的生活节奏正在扼杀我们的社会、家庭和心灵。我们真的太忙了。很多我认识的家庭，即使将他们的日常活动减少 50%，仍然会忙得脚不沾地。这一点儿也不夸张。

在当今如纳斯卡比赛[1]般紧张的生活节奏下，首当其冲的就是夫妻间的性生活。想要提高夫妻性生活的质量，你得先想想你们在卧室以外的关系如何，到底是什么阻碍了你们的亲密接触。

《红皮书》杂志曾在其网站上做过一个调查：“如果在家里你有一小时的空余时间，你会选择做什么？”超过一万名男性和女性回应了这项调查。其中，85% 的男性和 59% 的女性选择了性爱，都占了很大的比重。只有 12% 的女性选择逛街或睡觉，少数人选择了看电视、做运动、读书以及吃零食。

---

1 指纳斯卡赛事，全名为 the National Association for Stock Car Auto Racing，简称 NASCAR，起源于 20 世纪 30 年代，是美国大众的一种娱乐方式。——译者注

所以，如果有多余的时间，大多数女性不会出门逛商场，不会拿起书本，也不会打开电视机或者去健身馆，而是会选择立刻与自己的爱人缠绵一番。而她们的婚姻，也会因此更加和谐美满。

男人私语

让丈夫高兴的好处

1. 一个在性爱上获得满足的丈夫会对自己很自信。
2. 一个在性爱上获得满足的丈夫会热情主动地帮妻子做事。
3. 一个在性爱上获得满足的丈夫会为妻子做任何事情。
4. 一个在性爱上获得满足的丈夫会有一颗感恩的心，更加珍惜他生命中重要的人和事。

主动出击，带给他意外“小惊喜”

在你丈夫眼中，丰满的胸部、纤细的腰身以及修长的双腿，都远远比不上你对性爱的态度。绝大多数男人都说，他们宁愿要一个姿色平平却有良好性爱态度的妻子，而不会去选择一位拒人于千里之外的冰山美人。

对性爱态度积极意味着你会欣赏你的丈夫，让他得到尊重和满足，让他感到自己被你需要。

如果你拒绝他、厌恶他或者给他的热情泼冷水，他的男子汉气概将备受打击。如果你能用言语和行动热烈地回应他的需求，他会觉得自己是这个星球上最幸运的男人。

以下一些小方法可以帮助你，让你的男人获得更多的快乐。

1. 让他尽情享受视觉的快感

我的妻子看起来总是很漂亮，每天早上一醒来，别有一番风情。

不过，她喜欢满脸涂满杏黄色的各种粉霜，来“激活细胞”。有一天，完成清晨的化妆功课后，她穿上了一件白色的内衣，又套上了一件白色针织衫。从男人的角度来看，此时的她就像绑上了白色的绳索。于是我对她说：“有时候，我乐意看到你只穿里面那件。”

这句话彰显着我的幽默。虽然我知道，作为家中长女的妻子，她一贯端庄正经，是不太可能给我什么惊喜的。如果她能偶尔来一次惊喜呢？那我肯定会欣喜若狂。

你的丈夫，他需要看你，他也喜欢看你。你想以怎样的面貌呈现给他呢？

2. 给他一个惊喜

安妮和大卫已经结婚八年了。在过去的两年里，他们为着各自的事业苦苦奋斗。虽然快节奏的生活给二人带来了不菲的收入，可安妮知道，巨大的压力让大卫有些筋疲力尽。他们相聚的时间似乎也越来越少。

一天中午吃饭的时候，安妮突然把丈夫拉进他的私人办公室，锁上门，拉上窗帘，在办公室里和他上演了一段激情插曲。这之后一整天，大卫都显得异常轻松愉快。而且在那一个星期里，每当坐在办公桌前，他的嘴角都忍不住微微上扬。

大卫这种被妻子追求、需要的感觉，是每个男人梦寐以求的。

> 是男人和女人的差异，才让爱和浪漫如此美妙难忘。
>
> ——R. C.史普罗（R.C. Sproul）
>
> 《恩爱情深》（*The Intimate Marriage*）

妻子的行为无疑让他知道，她喜欢与他待在一起。他对妻子丰富的想象力感激万分。

所以，你千万不要成为一个古板无趣的“床上宝贝”，要多多发挥你的想象力，赢得他的心。

当然，给他惊喜需要时间、经历和远见，一个过于忙碌的女性是无法做到的。不过，如果一个男人获得了尊重和满足，有了被妻子需要的感觉，那么当妻子给他打电话，让他回来时顺便去超市买一罐牛奶，即使此时他已经过了超市三英里，他也愿意返回去帮她买牛奶。

如果你丈夫因为你的激情而惊喜，因为你的爱而感动，那他会在你面前放下一切防备和伪装。

3. 让性爱的快乐持续一整天

完美性爱所带来的愉快，可能会持续一整天，即使两人在一天的前十个小时相隔十英里。在《让性爱从厨房开始》（*Sex Begins in the Kitchen*）这本书里，我就这一点谈过很多。

想象一下，如果一个男人早上醒来，睡眼惺忪地摸进卫生间，打开灯，发现镜子的一角贴着这样一张用艳红色唇彩写的字条，上面的每个字都透着暧昧的气味时，他会有怎样的感觉呢？

早上好，我迷人的亲亲丈夫！

今晚，我们让孩子早点儿睡觉。

我有不少特别的计划等着你哦！

男人对性爱的期待同样能让他获得愉悦。所以，为什么不改变一下自己的风格，尝试一下呢？可以在他的包里塞上一件你的私密物品，或者给他写封火热的邮件。

性爱并不是一件“独立的事情”，做足充分的准备，让你们一整天都能从很多小事中感受到快乐。

4. 不要给他设置时间规定

在性爱方面，男人不会遵守时间，这一点估计让不少妻子苦恼不已。事实上，他们不仅没有这方面的意识，而且记性还很差。

举个例子，假如你和丈夫前一天晚上才尽情享受了一次性爱，第二天早上，你正在收拾书柜，你的丈夫坐在一旁看着你。由于是星期六，你懒得穿胸罩，当你伸手放书的时候，胸部便在T恤衫下若隐若现。

此时，女人会想：我们昨晚才做过，现在我还没洗澡，衣服也很邋遢，估计他不会有那方面的想法吧？可是，你会发现他立马靠了过来，从后面抱住你，意图非常明显。你在想：这是怎么回事？

可是，在丈夫眼中，与妻子缠绵随时随地都可以发生。因为男人是视觉动物，看见仅穿着内衣或刚从浴室里出来的妻子，都能触动他们大脑里的开关，这与上一次性爱发生在什么时候没有关系。

5. 刺激他的感官

> 婚姻要美满，必须经常恋爱，而且是永远和同一个人恋爱。
> ——米尼翁·麦克劳克林（Mignon McLaughlin）

晚上10点30分，丈夫听到妻子在浴室里洗澡。仅仅是哗啦啦的水流声就能让他浮想联翩：太好了，看来今晚又将是一个美好的夜晚。他的妻子走出来，身上的新睡衣恰到好处地衬托出她的美，吸引了他的目光。此时她的丈夫立刻变成了小男孩：“哇！这件睡衣是新的吗？”

她如果是一个聪明的妻子，会直视着他的眼睛，在他面前弯下腰来，然后对他说：“这可是我特意为你准备的哦。”

这样的展示，简直无懈可击。

我的妻子桑德很有艺术细胞，她很擅长把旧东西用新的方式呈现出来，比如她仅仅用一块布料，就能让一盏旧台灯改头换面，给人耳目一新的感觉。

你也可以试着用合适的方法来展现自己、包装自己，带给你的爱人无限惊喜。你要充分发挥你的优势和亮点，大胆地、毫无保留地展示给你的爱人。

如果你最吸引他的是你的身材，那么穿上一件性感内衣会让你更加迷人。如果双眸或嘴唇是你的亮点，你可以略施粉黛，抓住他的注意力。你要尽可能地发挥你的长处，不要担心你的不足。

你丈夫最想得到的是愉悦。不断尝试发掘你们关系中的新激情，陶醉、享受并尽情释放吧。

你的身体有着无限魅力，它是你给丈夫最好的礼物。不要再叹息“可是我没有杂志上篮球宝贝那样曼妙的身材”，那些都是假的。如果你能对自己的身体宽容大度些，你和丈夫都将从中受益无穷。

虽然男人是视觉动物，但是吸引他们的可不仅仅是看得见的“风景”。

有一次，我在亚利桑那大学负责迎新工作，有五个女孩告诉我：“每天走在学校里，有超过两千名男生从我们身边走过，可是我们从没有交过任何桃花运。”

“你们有爆米花机吗？”我问道。

她们很吃惊：“有啊，可是，这……”

“照我说的去做，”我告诉她们，“随便找一栋男生寝室，然后在大厅里铺上一个垫子，插上爆米花机。把爆出来的爆米花撒满整个垫子，然后再放一些到大碗里，等着，看会发生些什么。”

没过几天，女孩们回来向我汇报她们的实验结果，每个人脸上都闪烁着快乐的光芒。整个计划进展得异常顺利，她们还发现，很多本来正在“冬眠的公熊”居然都过来了。当爆米花的香气飘满整个楼道时，那些呼呼大睡的男生很快从冬眠中清醒过来，循着香味走出来，发现了坐在大厅一角的女孩们——她们的周围全是爆米花。对男人来说，爆米花的香气胜过任何名贵香水。

故事还在继续。男生们决定礼尚往来，他们也带上爆米花机去了女生宿舍，如法炮制了一番。此后，这居然成了那群少男少女的“保留剧目”，直到最后他们都找到了心仪的另一半。

如此浪漫的故事，始于五个勇敢的女孩，她们冒着被嘲笑的风险，成功地给了男孩们一个惊喜。她们不仅主动进入男生们的地盘，更重要的是，她们巧妙地刺激了男人的感官。

只要选对了香水，一个女人就能轻而易举地让男人向她转身。

“你能嫁给我吗？”

“可我根本就不认识你！”你惊得倒吸一口冷气。

“没关系，如果你永远都闻起来这么香，我想成为你的丈夫。”

6. 告诉他你的感觉

男人是单向思维的简单动物，而女人则是思维复杂的高级动物，这条法则适用于男女生活的各个方面，包括性爱。

星期二晚上与丈夫的性爱方式让妻子获得了很大满足，可同样的方式用在星期四晚上，她不一定就能有相同的感觉。大多数男人天生喜欢一劳永逸，他们会想：“我得赶快找到一个适合我们的方式，以后我们就可以一直反复做同样的事情了。”这就是为什么男人可以连续四年都去某家餐馆，点同样的菜；而女人天生喜欢尝试新鲜的东西，光是研究菜单就能花上半小时，哪怕那份菜单她已经看过无数遍了。

为什么不让你的丈夫也变得有点儿创造性呢？把你的感觉告诉他——在你们的性爱生活中，你喜欢什么、不喜欢什么，与他多交流交流。他听到你的反馈会很高兴，因为他再也不用费尽心思去揣摩你了。

7. 清理你的日程安排

需要再说一遍：为了更好地满足你丈夫生活中的需求，你得让自己的生活节奏慢下来。

如何才能克服疲倦对夫妻生活的不利影响呢？你如果想让自己的家庭生活和性爱关系和谐幸福，就不得不割舍一些事情。不要一周有五个晚上都在外忙碌应酬。如果你一周有超过两个晚上无法在家陪伴爱人，那你最好仔细看一下自己的行程，想一想其中有哪些事情是可以去掉的。

倘若你能给夫妻生活留出足够的时间和空间，你对性爱的态度会变得更积极，而你的丈夫会因此心存感激，你们的婚姻也将更加美满。

第六章

没有你的尊重，他就不会有被爱的感觉

“我跟你说了我不想去！”
什么事是他最不愿意、最讨厌做的？
你又是如何处理这个敏感问题的？

珍妮又拉着她丈夫格里格去参加社区活动晚宴，这已经是六个月里的第二次了。格里格受够了。整个晚上，所有人都聊得热火朝天，只有格里格闷闷地坐在那儿。他妻子时不时向他使眼色，暗示他不够“合群”，可他依然无动于衷。席间，他如果没有坐在位子上，那便是被妻子打发去酒水区拿喝的了。

“你到底怎么了？”回家的路上，妻子坐在车里幽幽地埋怨，“你今天的表现就像个傻子一样，让我在这么多朋友面前丢尽了脸。”

他是怎么回答的呢？“我跟你讲过，我根本不想参加这个鬼宴会！”

之后，两人一路沉默无语，气氛跌到了冰点。

当格里格后来向我讲述这件事情时，他承认：“我讨厌社交。这种场合让我觉得很局促、孤独和尴尬。我是个卡车司机，每天起早贪黑，工作一整天。我宁愿她一个人参加这些活动，我待在家里照顾孩子。我喜欢和孩子待在一起，而且这样也能节省请保姆的费用。可是，她非得拉着我一起去。当我妻子和众人谈笑风生时，我只能呆呆地坐在一旁，像个白痴一样。（他的感受我完全能理解，就像我讲过自己类似的经历给我带来的感受那样。）说实话，我并不喜欢她交往的那些人，我也不了解他们在做什么伟大工作，我压根儿插不上嘴。我跟她说过无数次，不想参加这些活动，可她就是不听。唉，我快疯掉了！”

让我们来看看造成他们矛盾的关键。格里格的妻子没有把丈夫的拒绝当回事，他很郁闷，感觉自己不受尊重。而他妻子想的是：“噢，你嘴上说不，心里肯定还是愿意去的，既然我要去，你当然会陪我一起去啊。”

既然无论怎样表明态度都无济于事，格里格只好长叹一口气，暂时放弃反抗，跟着妻子去参加晚宴。在晚宴上，消极不配合的表现是格里格唯一能采取的报复行为。当他呆坐在桌前，对周围的欢声笑语熟视无睹时，他的内心在狂吼：“不，不，不！我跟你说过我不想来，你硬要我来。你不尊重我，也不尊重我的意愿！”

你有多尊重他

在韦氏词典（*Webster's Dictionary*）里，“尊重”一词的解释是“尊崇而敬重，表现出理解和礼貌”。

尊重你的丈夫，意味着尊重他的看法。当他不想做某件事情时，不要强迫他成为你的闺蜜，去分享你的快乐。不过，对女人来说，要做到这一点并不容易，因为她们总希望丈夫能随时随地陪着自己，这样她们才会开心。但男人可不是这么想的。

他被你强拉着去参加社交活动，心不甘情不愿，觉得自己站在那里像个摆设，无用又愚蠢。就像狄莫西，他被妻子拉去参加剪贴簿大展，只因为她很希望给丈夫展示自己有多么喜欢这种大展。星期六一整天，狄莫西都盯着那些“可爱的”纸板发呆，然后负责帮妻子提购物袋。他无聊得要死，简直要崩溃了。唯一能让他保持一点理智的，就是在脑海里憧憬下周的摩托车越野赛。

你让丈夫陪你去参加此类活动之前，先问问他，并且尊重他的意愿。而且，你要注意观察他的肢体语言，有时即使他没有明说

“不去”，他紧闭的双唇和紧锁的眉头也已道出他的心声。如果他对这些活动并不感兴趣，你就不要强迫他。你愿意去给汽车换油吗？你愿意把一台小型缸体 V8 发动机拆个底朝天吗？你愿意骑着山地车翻越落基山脉吗？你愿意在大脚车里享受难忘的夜晚吗？可能有的女性愿意，但大部分女性对这些活动都没什么兴趣。那你为什么硬拉着丈夫去逛时尚小屋、看花展、游览古董店或参加“厨房大变身”工作坊的活动呢？

为什么不让他去做男人喜欢做的事呢？我认识一些喜欢花花草草、喜欢听音乐会的男人，不过他们仍然是真正的男人。

当你想做你喜欢做的事，而他并不感兴趣时，就让他待在家里清静清静。尊重你的丈夫，尊重他的想法。记住，男人总是很直白的，如果他说不去，那他便真的不想去。如果你按自己的思维反复咀嚼他的话中话：噢，他并不是不想去，他当然想去，只是想让我再哄哄他而已……那你可就猜错了。他希望你不再说话，赶快出门去参加你的活动。这样，他就能待在家里，跷着二郎腿，一边大快朵颐昨天剩下的比萨一边打饱嗝，享受难得的单身夜晚。如果让他选择，是和你一起出去，还是在家打扫小猫的粪便，你觉得他会选择哪个呢？

尊重你的丈夫，意味着在生活的任何方面，都对他“表现出理解和礼貌”。如果你的闺密说“我真的不想去那家餐厅吃饭”，你还会强迫她和你一起去吗？为什么不给你丈夫同样的尊重呢？

有些话，即使是闺密也不能说

妻子与闺密聊天时，男人总是会成为她们谈论的话题。不过，有一件对男人来说非常重要的事你需要知道：男人并不想，而且很反感成为女人讨论的对象。男人表面坚强，其实内心非常脆弱。如果女人聚餐时大张旗鼓地和别人分享男人的糗事，这让男人很受不了。“你们知道他做了什么吗？”与闺密吃午饭时，你边说边厌恶地摇着头，然后将事情略带夸张地全盘托出。

“真的吗？太不可思议了！”闺密 A 大笑着说，“哈哈，上周，麦克……”

接着，你们围绕男人这个话题大谈特谈。这些事可能确有其事，但是男人真的不喜欢。你愿意你的男人在兄弟面前大张旗鼓地说“我妻子大腿上的横肉真是惨不忍睹”吗？

没错，男人有时候是会做些蠢事，甚至可能经常做蠢事，可是把它们向全世界公布会让男人很尴尬、很受伤。这种感觉就像任由别人指着你身体最不自信的部位大肆评论一样。

当你向闺密、姐妹、你妈妈或者你婆婆讲述你丈夫的糗事时，你其实背叛了结婚时的誓言，对他不忠诚了。这是很危险的。有些事情非常私密，只能在夫妻之间谈论，不需要你把它们告诉任何人。

男人很在意别人对自己表现的评价，他们不想被当作笑料任女人谈论。男人需要的是女人对他们的宽容、理解和信任，就像女人也需要男人的信任一样。

是的，女人喜欢“分享”，与闺密分享各种经历是女人的天性。不过，在涉及丈夫的话题上，你如果能三缄其口，就会赢得丈夫对你更多的信任。

当然，有一个例外。如果在与闺密聊天时，你谈论的都是男人的优点和好处，那就请知无不言、言无不尽吧。

莫妮卡流产后，精神和身体都遭受了很大的打击。她的丈夫布莱恩很好，不过也有不少男人们的缺点。莫妮卡流产之后的前三个月，他放弃了每周六与两位哥们儿吃早饭的例行活动，待在家里做家务、照顾他们两岁的孩子迈克尔，这样莫妮卡就可以去和她的两位闺密聚会聊天。巧合的是，莫妮卡的那两位闺密恰好是布莱恩两个哥们儿的妻子。虽然布莱恩打扫房间的效果不是很好，可莫妮卡还是很感激。

“如果不是布莱恩，我真不知道自己该怎么熬过这段时间。”在一次与苏伊和克丽吃早饭时，莫妮卡对她们讲，“他真是世上最好的男人。我太幸运了！虽然他没有在生理上承受失去孩子的痛苦，可是我的悲伤他感同身受。真希望以后我们能再有一个孩子，孩子们会以有这样的爸爸为荣的。”

两个星期后，布莱恩在五金店里碰到了克丽的丈夫克拉格。“你真该听听那些女士是怎么评价你的，”克拉格笑着告诉布莱恩，“在她们眼中，你简直就是年度最佳丈夫的典型代表。”他把妻子们之间的谈话都一五一十地转述给了布莱恩。

你认为布莱恩听到这些表扬——尤其是这些话经由另一个男人说出，会有怎样的感受呢？那感觉就像是被百万彩票砸中了一般！

好的传闻能让一个男人扬眉吐气，胸膛里满是骄傲。他会越发尽心尽力地为这个家做一切事情。

虽然布莱恩和莫妮卡曾达成协议，在她流产后的前三个月，她可以在每周六早上外出和女友们聚会，可此后，这居然成了“保留剧目”。每个星期六，布莱恩和莫妮卡轮流出去与朋友们相聚，留在家的人负责照看迈克尔、做家务。在过去的十六年里，三位妻子每个月有两次周六吃饭聊天的机会，丈夫们也一样。上周，他们全部聚在一起，庆祝迈克尔金榜题名，进入大学。

所以，如果你一定要和闺密分享点儿你丈夫的事迹，为什么不拣些好的讲讲呢？

一句贬损能让人跌至谷底

我曾给一群来自贫民区的孩子当过足球教练。那个时候，我学到了沉重的一课。球队的后卫是一个十五岁男孩，我当着大家的面，反复教他如何在得球后摆对姿势传球。

他把球一扔，对我吼道："那你来踢好了！"然后便头也不回地跑了。

怎么会这样呢？他离开是因为觉得很难堪。在西班牙文化里，当着众兄弟的面被别人责骂，是件很丢脸的事。

其他男人也一样。很多时候，女人会在无意中让自己的丈夫在大家面前颜面全无。

"我跟你说过要把垃圾拿出去，为什么现在它还在这儿？"

"你为什么不把车库打扫干净？这是你的工作！"

"你这个月又不打算上交工资了？"

在你眼里，这些话是陈述事实。可是，如果你当着他哥们儿的面这么说，你的丈夫会非常生气。没有一个男人愿意在朋友们面前承受难堪。如果你丈夫当着你众多闺密的面大声宣扬："你最近屁股又肥大不少，是不是该少吃点儿？"你又会有怎样的感受呢？

> 一段幸福的婚姻中，忍让多于奚落。
>
> ——无名氏

难道你不会觉得尴尬，甚至有些难以忍受吗？

请牢记一条法则：如果你有权贬损我，那我同样有权贬损你。而且，在奚落人这方面，男人绝对胜出一筹。

所以，如果你想说些什么会让他不舒服的话，请等到大家都走了再开口。此外，注意你的语气和方式，公正直接地谈论这个话题，不要对他指指点点。

还记得我在第一章里讲过的故事吗？我穿着一身不合体的衣服出现在女儿的学校里，让女儿很难堪。那天，妻子一针见血地指出了我的不是。在她心里，敞开心扉的交流和对家庭的承诺是最重要的，所以她选择直截了当地给我陈述其中的利害关系。

她也可以借题发挥，长篇大论尽情羞辱我："凯文·莱曼，你怎么能这么愚蠢，穿着拖鞋就到女儿学校去？你难道不知道，这样会让她和我多么难堪吗？下一次，出门之前，我要检查你的穿着。如果你再这样穿的话，我就……"

但她没有这么说，只是明白地告诉我："以后，你再也不要穿成这样去女儿的学校了。这对你的女儿很重要。"

当然，尊重你的丈夫，并不是说他做了蠢事后能逍遥法外、溜之大吉，也不是说你只能夸张地长叹一口气：“好吧，男人就是这样，永远长不大。”

它意味着，夫妻双方彼此在爱中开诚布公地交流。没有攻击，没有诋毁。不责备对方该做什么，不该做什么。

三件会让他暴跳如雷的事情：

1. 当着他朋友的面奚落他。

2. 告诉他你和其他男人交往过程的细节。

3. 他从别人那里辗转听说某件很重要的事，而你从来没有告诉过他。

“马桶坏啦！”

男人天生就喜欢竞争，喜欢征服的感觉，所以遇到任何男人该做的事情，他们都不愿意示弱。

当女人告诉他们“噢，亲爱的，厕所马桶一直在漏水，肯定是坏了”时，他们的第一反应是赶紧试试把它修好。他们注定要完成这个任务，注定要征服马桶。因此，他们立刻去家得宝（Home Depot）建材市场，花上几个小时与那里的工人讨论请教。男人即使对修马桶并不在行，也会试着修理。经过几个小时的补课，他们搬回一大堆各式各样的修理工具，信心百倍，准备大干一场，让它乖乖听话。

可是，他们回到家，却发现女人已经打电话叫来了专业修理工，正在厕所里忙活，做着本该他们做的事情。

此时，男人会有怎样的感觉呢？很沮丧，像一个失败者那样泄气。他会想：看来她认为我修不好马桶，连试都不肯让我试。

卡伦家的窗户玻璃坏了四个星期后，她丈夫才慢腾腾地去买了块新玻璃放在那儿。又过了六个星期，他仍然没有换玻璃的迹象，卡伦的耐心快要耗尽了。

那天，卡伦向邻居奥利娃抱怨起这件事时，奥利娃的丈夫肯刚开车回来。

于是奥利娃把丈夫招呼过来，让他帮忙换一下。肯很轻松地说："如果有现成的新玻璃，我几分钟就能帮你搞定。"

卡伦高兴地指向那块还放在车库里，连包装纸都没拆的新玻璃。

不到半小时，卡伦家的窗户就焕然一新，奥利娃便拉着丈夫肯回家吃饭了。

晚上，卡伦的丈夫大卫回到家中，还没来得及放下公文包，卡伦就把他拉过来，喜滋滋地指着窗户让他看。

大卫一愣。"这怎么……"

卡伦将事情从头到尾说了一遍，还不忘表扬邻居肯是多么能干、多么热心。

大卫的脸顿时乌云密布，整个晚上都闷闷不乐。

他到底怎么了？卡伦很纳闷。窗户问题终于解决了，他有什么好生气的呢？

直到后来，当卡伦和我谈起此事时，她才恍然大悟。"哎呀！"她皱着眉头说，"我压根儿没想到，让另一个男人来帮我，会让丈夫感到受伤。我只是希望把窗户快点儿修好而已。我如果早知道会这样，就不会让肯来帮忙了。"

对你来说，是快点儿把问题解决更重要，还是稍微等等（即使是永无止境的等待），给丈夫一个一展身手的机会更重要呢？

“莱曼博士，”你可能会说，“如果什么都等我丈夫来弄，那我们家什么事也做不成。”

倘若是这样，不妨和你丈夫好好谈谈。在交谈中，你要注意自己说话的方式。你可以这样对他讲：“亲爱的，你能否花上几分钟看一下厨房的水池？它好像出了点儿问题。如果你能把它修好的话，那真是帮了我大忙。可以吗？”

寥寥几句话，能达到以下效果：

1. 你表明了你很在意、很尊重他的看法。
2. 你让他明白，你需要他的帮助。
3. 你让他感到，你很感激他为这个家做出的贡献。

这样的请求，他怎么能拒绝呢？

在说“我们叫个修理工来吧”之前，你也可以让你的丈夫亲自去看一看。这样，他可能自己都会说：“亲爱的，我想我们还是需要请个修理工来看看。”

如果一个男人自己无法将它修好，至少他会愿意请修理工。

关键是，千万不要一开始就打击他。否则，作为男人，他会自责：“我没能力修好马桶，我很失败，我真是一事无成。”

对一个男人来说，家里的东西坏了，妻子是否会依赖他去修，代表着他在家里的作用和地位。这对男人很重要。

他能否把东西修好不重要，重要的是他需要你（他最爱的人）的信任。

也许你会在心里嘀咕：天哪，看来一个妻子要了解自己的丈夫，还需要拿一个儿童心理学学位。这样想就对了。

相信他的判断

谈过家庭维修（有趣的是，很多夫妻竟是在买房和家庭装修的过程中离婚的）这个话题后，我们再来谈谈另一个话题：信任。

不少男人都是修理家中设备的一把好手，可我不是。这一点我的妻子桑德很清楚。那些咬文嚼字的维修指南，她可以心平气和地细读很久，而我不行。

不过，昨天对我来说绝对是个例外。我很自豪，忍不住咧着嘴跑进屋，对妻子大声说："亲爱的！你猜怎么着？我今天修好了一样东西！"桑德扬扬眉毛，一脸不可思议，她得亲眼看见了才会相信。

我们家游泳池的自动充水器一直往外漏水，我经过不懈研究，发现是充水器的垫圈坏了。于是我跑到附近的五金店，买了两个二十五美分硬币大小的垫圈。回到家后，我把充水器拆开，放了一个垫圈进去，又把它装好。可是，它仍然在漏水。这时，我瞄见距离它底部一英寸半的地方有一个小配件，心想：嗯，应该把这个地方拆开看看。我找来扳手和钳子，使劲对着铁管又锤又打，直到将它拆开。里面果然有个漏水处，于是我又从口袋里掏出一个垫圈，装上去。问题就这样解决了。

我成功了。

我太厉害了，居然能修好自动充水器！我迫不及待地给哥们儿乔伊打电话，告诉他："嗨，我今天修好了一样东西！"估计他听到这个消息，会从凳子上摔下来，他太了解我在修理这方面惨不忍睹的记录了。

如果换成另一个女人，她可能会不屑地说："这么半天才弄好，你这个笨蛋！"不过，耐心、善解人意是桑德的优点。她看见我的成就很开心，并对我在修理方面的才能给予了高度评价。虽然此后她看到我拿着工具在家里走来走去，仍然会神经紧张、如临大敌……

任何男人，无论他是否心灵手巧，总会有想做一些修理工作的冲动。

就像保罗一样，他心血来潮，想把卫生间重新修葺一番，以此作为送给妻子结婚十五周年的礼物。他的计划是将门厅处的贮藏室移开，以拓宽卫生间的面积。12 月和 1 月整整两个月，保罗咨询了众多家装经验丰富的兄弟。每天晚上，他都挑灯夜战，一遍遍计算要花费的成本。到了 3 月，经过无数次精确计算，保罗信心百倍，坚信如果自己动手，更能节约开销。于是，他花了两个星期六去搜集购买各种所需材料。

第三个星期六是他开工的第一天。正当他兴致勃勃地拆除卫生间和贮藏室之间的瓷砖时，他的妻子萨拉走了过来，上下打量了一番，问他："呃，你确定知道自己在做什么吗？"

保罗顿时像泄了气的皮球一般。他做了这么多准备工作，买回了所有的材料，她居然还在怀疑他的判断。

萨拉那句话里暗含的意思是什么？"我可不相信你能把这个工程弄好。"

这让保罗觉得，在妻子眼中，自己永远达不到她的要求。

这种感觉会让一个男人愤怒。大多数时候，他会选择默不作声，但内心却波涛汹涌。并且，他会在以后采取消极的反抗策略。

你的丈夫需要你对他的信任，请相信他的判断和决定。诚然，他并不总是对的，但是在指责他之前，请先思考一下自己是否已完全了解他的意见。当然，你也可以在你的钱包里藏一张家庭紧急维修求助点的名片。

你丈夫最害怕的是什么

那些总不信任别人的女人通常是完美主义者，有着非常挑剔的眼光。即使事情已经做得很好了，她还是会在鸡蛋里挑骨头。在现实生活中，她做事的逻辑和跳高一样，不断为自己、为他人设定更高的要求和目标。无论什么时候，她都会用自己内心的标准衡量丈夫的成绩。就算他已经很漂亮地跳过了横杆，她也会将杆子再抬高一些，对他说："再试一次。"他一次又一次不停地努力着，直到横杆的高度变得遥不可及。这时，他终于败下阵来。

接着会发生什么呢？妻子对他很失望，训斥他："你真是个失败者，我当初怎么会嫁给你这样的人！"

如果你想伤透一个男人的心，那就尽情排斥他吧。让他觉得，他在你眼中一无是处。同时，不要满足他的任何性爱要求。被拒绝是每个男人最害怕的事情，尤其是被妻子拒绝，因为他非常在意妻子的想法。男人的真心朋友没有几个，他冒了很大的风险让妻子进入他的内心和生活。所以，妻子的拒绝，能最大程度伤害他的心。

男人总是表面上很强硬，以此掩饰自己内心的脆弱和无助。否则，妻子会发现他们的弱点，也可能因此冷落、拒绝他们。

你是否问过丈夫这样的问题："我穿这条裙子显胖吗？"

如果问过，你便让他陷入了一个进退两难的处境，因为他怎么回答都是错的，他的回答很大程度上不会让你满意。如果他说："你穿这裙子很好看。"你会说："撒谎，我知道自己胖了。"而且，估计没有男人会按照自己的直线思维，坦白地道出事实："是啊，这条裙子穿在你身上确实不合适，你太胖了。如果我是你，我就不会穿着它去赴宴。"

无论什么时候，让丈夫对你的身材进行评论都会让他面临尴尬的选择，因为对任何女人来说，这都是一个非常敏感的话题。所以，直面现实吧。不论是你，还是你的丈夫，风华正茂的岁月都正在（甚至已经）消逝。

为什么不把这些身材问题留给你的闺密去回答呢？这样，你们就可以在一起感叹和哀悼逝去的青春。

你的就是他的

这一点毋庸置疑。当你答应嫁给他，承诺在今后的岁月里与他“携手同行”时，你的一切东西都变成了他的，他的一切东西也变成了你的。不过，男人的霸道可能会让你大吃一惊，现在让我们来看看在他眼中，哪些是“他的东西”。

“他的东西”不仅包括你的身体，更包括你的所有物品——你偷偷贮藏的巧克力、你碗中的饭菜、你的车钥匙以及你辛苦攒存的私房钱。只要他想要，这些就都是他的。

在他眼中，允许他向全世界宣布“你的全部”——尤其是在食物方面——都是属于他的，是对他尊重的表现。

小测试六 ...

晚餐时，你把自已盘中剩下的菲力牛排夹给了你女友的丈夫菲尔，这种行为：

A. 没什么不妥。这牛排嚼起来索然无味，不过菲尔属于那种什么都能吃的人。

B. 是一种热情好客的表现（菲尔看上去似乎还没吃饱）。

C. 是一种减少你的卡路里摄入量的有效办法。

D. 很恶心。你把牛排夹给他，是因为他对你早已垂涎三尺，只是不敢有所行动。

答案请参见本书第 286 页。

你是他眼中的多任务处理能手

这个话题我前面说过了，不过还想重复一遍。女人天生就擅长同时干很多事情，这种能力让男人很敬佩，但也备感威胁。看见妻子每天穿梭于各种活动，游刃有余地处理各种人际关系和鸡毛蒜皮的小事，丈夫会感觉有些失落，甚至有点儿难堪和没面子。

我妻子能像耍杂技般同时在空中抛接八个小球，令我佩服得五体投地，而我同时做两件事就会手忙脚乱、应接不暇。

还有一个例子。刚结婚的时候，桑德从不下厨，可现在，她的厨艺已经炉火纯青。更令人惊奇的是，她能同时把所有的菜都一起做好。如果是我做饭，我会对孩子们讲："小朋友们，请到饭桌前坐好，我们马上要吃玉米了。"十五分钟后，我会对他们说："现在请回到桌前，烤土豆出炉了。"又过了十分钟，我会再对他们说："鸡肉块马上就来啦！"我只能这样应对多重任务。而桑德却能在同一时刻把所有的菜都一起端上来，而且每盘菜都是热气腾腾的。至于她是如何做到这一点的，这么多年来，我都没能研究出来。对我来说，它至今仍是个谜。

即使是她在古董店工作的那些日子，每天下午5点30分才到家，她仍然能在短时间内顺利完成华丽的晚餐。有几次，我曾亲自下厨，想给她一个惊喜。有一天晚上，我心里琢磨着：嗯，她最拿手的菜是烘烤猪柳肉，那味道简直美极了。我也会做，应该不难吧？我知道桑德在将猪柳肉放进烤箱前，在上面淋了一层调味汁。可那调味汁是怎么做的，我不太确定。但是，我又不想事先让她知道我在做饭（别忘了，男人永远是小男孩，而孩子总喜欢惊喜），所以就没打电话问她。

现在回想起来，我真应该给桑德打电话的，这样那十八块钱买的猪柳肉就不至于无人问津。可当时的我下定决心要自力更生，还觉得自己的努力完全可以打一百分。我把肉块放在炉子上烤了一会儿，然后浇了一层汤汁，再将它放进烤箱，在脑海里陶醉地幻想着烤猪柳肉美妙的滋味。

等大家都在桌前坐定，我开始为自己的杰作感到自豪……直到桑德和孩子们用奇怪的眼神盯着桌上那盘肉。真的，那盘肉看上去有点儿恶心。桑德小心翼翼地割了一小块尝一尝，却实在无法下咽。孩子们面面相觑，然后立刻异口同声地说，他们现在不太饿。

原来，我在猪肉上淋的是面条鸡肉汤汁，而不是洋葱汤汁。

最后，我一个人把它都吃了，因为没有第二个人愿意去碰它。

我希望能为我们的家做些贡献，希望能给桑德帮点儿忙，不过有的时候，好心反而办了坏事——就像那次把一块上好的猪柳肉给糟蹋了。幸运的是，桑德很有幽默感，也了解尝试的机会对一个男人来说多么重要。她对我的每次努力都能用心给予关注。所以，当我帮她收拾饭桌时，我总会把碗筷弄出点儿声响，好让她注意到我，并对我的行动赞扬一番。虽然我不像桑德一样是个卓越的多任务处理能手，可我同样需要家人对我的认可。你的丈夫也一样。

男人第一诫

什么是男人第一诫？“女人的侮辱，我承受不起。”

你的丈夫，希望你尊重他、需要他、满足他。这三大基本需求中，最重要的一条是尊重，如果没有尊重，其他的都无从谈起。

当男人被妻子辱骂贬损时，他的第一反应是沉默无语，可是他的内心却在翻腾咆哮。就像电影《狮子王》（*The Lion King*）里的那句歌词唱的：“在丛林里，宽阔的丛林里，狮子今晚睡着了。”

你家里的那头雄狮，平时很温顺，躺在你身旁惬意地打呵欠，时不时摇着他的尾巴拍打苍蝇，可是，你得小心，千万别把他惹恼了。否则，他的愤怒会突然袭来，在你没防备的时候给你猛的一击。

丹尼隐忍了他妻子劳拉很多年，直到有一天，他实在忍无可忍。丹尼是一名电工学徒，每周工作五十五个小时，辛苦赚钱养家糊口。当他们最小的孩子上小学一年级时，劳拉找到了一份工作。很快，她就得到晋升，当上了设计师。仅仅一年，劳拉的薪水便超过了丹尼，是他薪水的两倍。每次她拿工资回家时，丹尼就非常郁闷，觉得很屈辱。到了第二年，他们买了新车，搬进了大房子，孩子们也转到了私立学校上学。可这些并没让丹尼觉得开心。

让他爆发的导火索，是他无意中听见上四年级的儿子特鲁伊骄傲地对他的同学吹嘘："在我们家，我妈妈赚的钱比爸爸多！"

那天晚上吃饭时，丹尼很沉默，一句话都不说。等孩子们都上床睡觉后，他告诉妻子，自己要出差一段时间——他在外好几天都没有回家。

公平斗争法则

每一对夫妻都有言语不和，争得面红耳赤的时候。不过，当你们不得不"打仗"的时候，至少要做到公平斗争。

1. 记住斗争也是一种合作行为。

2. 一定要就事论事。

3. 不要无休止地借机发挥，翻陈年旧账。

4. 不要用诸如"你""从来"之类的词，比如："你从来都不听我的话！"

5. 彼此面对，最好能拉着对方的手。

6. 不要随意打断对方的讲话。

7. 一方说完了，另一方需要给予回应。

8. 双方都交流完后，再重申必要的关键问题，不要喋喋不休、白费唇舌。

9. 如果双方争执不下，那就先休息一会儿。孩子上课都有课间休息，你们也需要。

10. 不要逃避问题。休息之后，问题还是需要解决。不要等到太阳落山了还在生气。

> 如果能有更多的“无过错”婚姻，就不会有这么多夫妻以离婚收场了。
>
> ——无名氏

后来，丹尼给妻子发了一条信息：“我要离开你了，因为你和孩子们已不再需要我。祝你们以后生活幸福。”

劳拉很生气，也非常震惊。他怎么能这样？他以前从未说过自己不开心。现在，他就这样头也不回地走了？这到底是怎么回事？她很纳闷。

一周后，丹尼回来了。此后，丹尼和劳拉花了整整一年的时间沟通交流。最后，劳拉终于弄明白丹尼为何如此沮丧了——只因为她挣的钱比他多。

你可能会在心里想：“这人真是大男子主义，他们家能买车买房，还送孩子们上私立学校，他应该高兴才是啊。”

可是，让我们来看看丹尼的成长背景。丹尼的父亲是个逆来顺受的人，“妻子说什么，他就做什么”。丹尼的母亲掌控着家中的大权，家中一切都得听她安排。丹尼的父亲在五十三岁的时候自杀了，只给丹尼留下一张皱巴巴的字条，上面写着：“我想要的，只是一点点尊重。”

丹尼很害怕妻子一旦赚的钱比他多，就会取代自己一家之主的位置。

无数想法和念头在丹尼的脑海中反复闪过，而这些，妻子根本不知道。

如果你认为，我举这个例子是因为我有性别歧视，觉得女人一定要放弃报酬优厚的工作，那就错了。拉尔夫和露易丝家也是同样的情况，可二十五年来，他们却过得很开心。这其中的关键就在于“事件背后的故事”。对丹尼来说，妻子挣得比他多，让他感觉很恐慌、很没面子。他觉得自己在家中没有尊严，没人尊重他，就连儿子都认为是妈妈挑起了家里的重担。

而拉尔夫则是一个自信满满的人，他从小在充满爱和关怀的家庭环境中长大。无论是他加薪还是妻子加薪，他们都很高兴，每次都会一起出去庆祝。

丈夫要爱他的妻子，因为被爱是她的首要需求。

而妻子应该敬重丈夫，因为被尊重是他的首要需求。

踏入婚姻殿堂意味着把配偶的需求置于自己的需求之上。所以，不论你是否与他看法一致，请尊重你的丈夫。尊重他，不是因为他有显赫的家世或令人羡慕的工作，而是因为你选择了他这个人。

如果你尊重丈夫，那他会愿意为你做任何事情，你也会因此得到一位对你真心、忠诚的终身伴侣。

男人从来不愿承认失败、没能力，或者他需要女人帮助。毕竟，他的成长环境注定他应该像独行侠一样做一个自力更生的人。他从不依赖别人，独自潇洒地在夕阳中策马奔腾，从来不会停下来向别人问路——他知道自己前进的方向（而且，向他人寻求帮助违背了他的初衷）。

所以，你怎么能让这样一个自给自足的男人和你站在同一块石头上呢？

1．赞美他的优点

回想一下，当初他的哪一点吸引了你。然后把那段美好的经历写在纸条上，让他知道你的感受，你有多么尊重他。“亲爱的，上周看你工作这么辛苦，我很感动，也为你感到骄傲。我知道你很累，不过我相信你能取得成功！”如果他知道你是尊重他的，那么即使你们意见不合，即使有时他做了蠢事让你生气，他也不会因此而烦躁不安。

没有一个人是永远讨人喜欢的，女人当然也一样——尤其是在每个月那几天的时候。男人一般不会不识趣地选择在此时告诉你，他要把房子卖了，全家搬到巴尔干半岛去。你心烦意乱的时候，也想得到丈夫的关心和爱护吧？

你的丈夫，他最需要的是你对他的尊重。这能让他感受到他在你的世界中占据重要的地位。

2. 亲口告诉他你信任他

不要想当然地以为，他心里清楚你对他的信任。你要亲口告诉他。

假如你和丈夫正在做一个重大决定，比如举家搬迁，他想知道你对这件事的看法和感觉，但是他更希望听到你对他说："我相信你。我知道你会考虑得很周全，为我们这个家做出最明智的选择。如果你能把你的想法告诉我，我很乐意倾听，这样一来，我们便能同心协力地完成。"

聪明的妻子会让丈夫主动告知自己的想法，而不是到了最后一刻才"宣布"他的决定。同时，她也会让丈夫明白，自己充分信任他的抉择。

那么，在做决定期间，你能提出异议，表达你的想法吗？当然可以。不过，这应该建立在尊重的基础之上。"嗯，你的想法我已经清楚了，我觉得大方向上你是正确的。你有没有想过……"在你们的谈话中，避免使用"但是"，这样才不会显得太生硬。

如果你们开始为了某个决定而争执不下，那么最好暂停一下，让双方都冷静一下，然后再来讨论这个问题。

想一想：你希望有人天天在你耳边絮叨，对你的每个决定都指指点点吗？比如穿什么衣服去上班，如何管教孩子，该去超市买什么东西之类，都和你唱反调。

你的丈夫，需要得到你的尊重和信任。

就像一句古话说的，“别人如何评价你，你就会成为怎样的人”。

3. 学会读懂他的暗号

在家里，相对于妻子的滔滔不绝，丈夫常常沉默寡言。他的认知告诉他，一旦他说了自己的观点、感受，妻子要么会生气，要么会按照她自己的想法曲解他的话。

如果你想了解男人真正的想法，可以尝试学习读懂他的肢体语言。他是不是来回挪动双脚，不正视你的眼睛？这应该是因为你的提问让他有些难办，并且他担心会伤害你。当你明白这些肢体语言是他某种情绪或者态度的暗号，你可以安抚一下他：“亲爱的，很抱歉问了你一个棘手的问题。我知道这让你很难回答，不过，我确实很想知道你怎么看这个问题，这对我非常重要，因为你是我最重要的人。”

如果他回答了你的问题，那你最好就事论事，不要疑神疑鬼，也不要反复咀嚼他话里的意思。

“我觉得你穿上这件黄黑条纹的裙子，有点儿像一只小黄蜂，”他可能会说，“能不能换一件衣服再去参加我们公司的晚宴？”

他压根儿没想伤害你，除非你面对的是一个采取消极反抗战略的男人。在他看来，他只是在陈述事实。

4．回想一下你的过去

有没有什么事情，你曾对自己说，结婚后永远不会做？好好想一想。

现在，再问一个问题。婚后你做过这件事吗？如果有的话，那么你父亲是否曾和你丈夫一样对你说过同样的话、用过同样的语气或手势？那是多久以前？

你对待自己丈夫的方式，很大程度上与你父亲对你的影响有关。

比如，有一位父亲答应自己的女儿，等他从五金店回来会带她去吃冰激凌。于是，女儿眼巴巴地坐在门口等了两个小时。最后，父亲终于回来了，可是他满身酒气，嘴里胡言乱语，早把要带女儿去吃冰激凌的承诺忘到九霄云外了。

二十年后，女儿嫁为人妻。她丈夫答应下班回来和她一起出去吃晚饭。结果，在他回家途中，车胎爆了，他到家的时间比预计的迟了四十五分钟。他的妻子非常愤怒，对他提出严正警告。丈夫很纳闷妻子为何如此生气。他不明白，其实她不只是在冲他大发脾气，更是在对她喝醉酒的父亲发脾气。

很多小时候（可能是小学三年级甚至更早）经历过的事情常常

能影响你之后几十年对生活的看法。也许你认为世界一片美好，人性都是善良的；也许你觉得世间充满险恶，尔虞我诈，人们全都会背叛你、威胁你。正是源于小时候的经历，使你长大后形成了很多先入为主的观点。那么，你丈夫是否带给过你惊喜，改变了你印象中对某件事物的理解和看法？

每次丈夫问谢莉“你今天过得怎么样”时，她都会暴跳如雷，只因这句话让她想起她的父亲在她十几岁的时候，每十分钟就为她的生活记录一次的经历。

你有过怎样的过去呢？这与你的父亲有多大关系？在你童年时形成的对世界的看法，是否仍然影响着你呢？

小时候父亲带来的印记是很难抹去的。除非你对事物有了新的认识，否则你不会改变自己的看法。那些童年被性侵过的女性，更需要一位良师帮她走出过去的阴影。

你必须有勇气正视自己的过去中那些不好的经历，这一点别人帮不上忙。你需要努力发现生活的美好，慢慢改变你对事情的看法。

这个改变不会一蹴而就，它需要一个过程，你要给自己足够的耐心。不过，每当你丈夫无意中勾起你的不堪往事的时候，在发脾气前请先深吸一口气，对自己说：“他不是我的父亲。他值得得到我的尊重。”

放下过去，重拾信心面对未来，关爱你的丈夫，满足他的需求。

5. 成为一对互相尊重的夫妻

> 婚姻就是一个联盟，如果双方都想争夺领导者之位，这个联盟终将陷入混乱。
>
> ——无名氏

在家庭中，顺服是相互的，尊重也是相互的。夫妻双方均应彼此承诺平等。可是，妻子和丈夫毕竟是两个完全不同的人，平等并不意味着相同。

造物主赋予了男人和女人独特的性格和能力，所以他们才能彼此吸引，让生活充满乐趣。

懂得相互尊重的夫妻的家中会形成一种氛围，妻子和丈夫都能自由自在地表达自己的想法和感受。妻子不会勉强自己去服从丈夫，却能仔细倾听他的心声，即使他们观点不同，依然尊重彼此。这样和谐的家庭气氛，使夫妻二人都身心愉悦。

让你的家成为安全的避风港

（1）采用非威胁性的交流方式。不要高声说话（“大吼大叫”的委婉说法）。

（2）不要使用带侮辱性的言语。

（3）就算他的想法和观点不如你意，也要善加考虑。

（4）当他想与你交流时，停下手头的工作，直视他的眼睛。

（5）允许他表达自己的感受，即使他的表达方式可能比你想象的要粗鲁一些。

（6）谨慎选择是否“开战”。并不是每一件小事都值得你们大动干戈。

（7）常常和他一起开心大笑。

6. 庆祝他的每一次成功

就算结果并不十分让你满意，也请对他为此付出的努力表示感谢。当他第一次给孩子换尿布时，别忘了鼓励他：“哇，亲爱的，你好厉害啊！这尿不湿很不好对付的，但你一次就成功了！看宝宝现在多高兴啊。你真是个好爸爸！”

换尿布这件事，在你看来可能微不足道，但对整天忙于工作的他来说却是个大事，因为这完全超出了他的经验范围，可他仍然想表现一下，为这个家做些什么。绝大多数男人根本不知道，检查宝宝的尿不湿应该是从前往后，否则手指尖可能会沾满宝宝的排泄物。

有没有什么事情超出了你的经验范围？你希望他如何评价你的表现？

一切又回到了那句黄金法则：“己所不欲，勿施于人。”

第七章

成为你的英雄，是他奋斗的动力

"枪林弹雨，我都会挡在你前面。"
为什么他只想成为你的英雄？

如果让你列出你生命中真正的英雄，哪些人会出现在这个名单上呢？

我永远不会忘记，2001 年“9·11”事件发生后，无数消防员一次次冲进熊熊燃烧的世贸大厦和五角大楼的情形。他们冒着生命危险去拯救素不相识的陌生人，甚至为此付出了最宝贵的生命。没错，这些纽约市的消防员是在履行他们的职责，可是他们所表现出来的那种大无畏的牺牲精神让人佩服、动容。

在这场残酷的灾难中，很多英雄涌现出来，托德·比默（Todd Beamer）就是其中的一个。他在那架被恐怖分子劫持的 93 号航班上，勇敢地与敌人进行斗争，最终阻止了飞机飞往恐怖分子计划的目的地，避免了更大的损失。难道那天早上起床时，托德有对自己说过“我将会成为大英雄”吗？当然没有。他登上 93 号航班时，以为这只不过又是一次平常的出差。没想到，他留给世间的最后一句话——“我们行动吧！”——成为我们整个国家的战斗口号。

那天，我和妻子守在电视机旁，震惊、恐惧和感动交织在我们的内心。良久，我才转过头，哽咽着对妻子说：“他们是真英雄。”

那些男人（和女人）做出了伟大的牺牲。他们冲进烈火中救人时，根本没想过自己所面临的危险。飞机上的勇士们也用自己的血肉之躯阻止了更大灾难的发生。

你知道吗？你的丈夫是多么想、多么需要成为你的英雄。他会为了你披荆斩棘，不顾自身安危替你挡风遮雨。

你的丈夫渴望成为你心中的英雄，这是他奋斗的动力。所以，他拼命工作，像是把自己卖给了公司。他不辞辛劳、到处奔波，每周三坐飞机去千里之外谈生意，直到周五才回来。只要你能尊重他、需要他、满足他，他就不会有任何顾忌，心甘情愿为你做任何事。就算是枪林弹雨，他都会挡在你前面。

因为，每一个男人都想成为他最爱的女人眼中真正的英雄。

他想成为只属于你的詹姆斯·邦德

如果你看过一两部“007”系列电影，一定知道主角詹姆斯·邦德（James Bond）的英雄事迹。哪怕是在危险、阴谋重重的环境下，詹姆斯·邦德都能和心爱的女人谈情说爱。不过，那些女人同样很厉害，她们很独立，很能干。

我从小在纽约长大，接触过不少意大利裔美国家庭，我很喜欢他们那种家庭氛围。表面上看，丈夫是一家之主，实际上妻子才是真正的当家人。她们只不过是让男人有当家做主的感觉而已。

> 好斗是男人天性的一部分，是我们与生俱来的特质。
>
> ——约翰·艾杰奇（John Eldredge）《我心狂野》（*Wild at Heart*）

“男人都喜欢软弱无助的女人”实际上是个错误的观念。伦达就陷入了这个陷阱。她今年三十八岁，未婚，对婚姻充满期望。在过去的十年间，她一直想买栋房子，一栋黄色的、带室外花园的房子。可是，这么多年过去了，她仍然住在一间小公寓里，因为她担心如果她看起来很优秀，会把男人吓跑，那就没人愿意娶她了。

一个心智健康的男人不会想要一个软弱无能的妻子，他需要的是一位自强自立的妻子。不过，他也希望他的妻子偶尔表现出柔弱的一面，让他来扮演拯救她的英雄。

他想要成为你生命中的詹姆斯·邦德，飞檐走壁，跨越一切艰难险阻，救你于危难之中。他想要成为你的依靠，渴望得到你的尊重和崇拜。当然，如果你能像詹姆斯的女人一样，在床上带给他无限惊喜和满足，那就更好了。

你的丈夫也许在工作上并不出类拔萃，也许并没有拥有豪车，也许头发正在一天天减少，可是，如果他的女人能全心全意爱着他，他仍然会像年轻时一样精神百倍、充满斗志，在残酷的职场上奋勇拼杀。就算有二十家公司拒绝了他的求职，但只要每天晚上回到温暖的避风港时，有爱妻抚慰他的身心，第二天早上他就又会如同充足了电一般，再去二十家公司求职。

对他来说，工作上的成就所带来的内心满足，远远比不上你在他耳边深情的一句："詹姆斯，我爱你……我需要你……"

正如约翰·艾杰奇所说："没有什么比美女更能让男人心动鼓舞的。男人愿意为了她，跨越崇山峻岭，消灭一切妖魔鬼怪，征服城堡……只因他想成为她的英雄。"

小测试七 ...

为何成为你的英雄如此之难？

A．因为你已经把所有事情都做得很完美了。

B．因为你总是十分忙碌。

C．因为你常常不等他来帮忙，就自力更生地解决了问题。

D．因为他害怕无论他做什么，你都能找出瑕疵。

答案请参见本书第 286 页。

有时他行走在平衡木上，一不小心就摔了下来

女人每天都会问自己的问题：

· 他爱我吗？

· 他爱我吗？

· 他爱我吗？

男人每天都会问自己的问题：

· 她尊重我吗，还是觉得我所做的一切都是理所当然的？

· 她明白我有多想成为她的英雄吗？

· 当我能挣钱养活我的家人时，我是多么满足、自豪，但是如果我不能赚钱养家，该多么受伤难过，这些她都知道吗？

每当看见奥运会上那些体操运动员比赛时，我总会为之惊叹。

他们是怎么在仅有两英寸多宽的平衡木上做出这么多复杂的动作的呢？体操运动员真是有着过人的平衡能力、勇气和毅力。看到他们用两个吊环支撑起自己的整个身体，我总会为他们捏一把汗。

不过，就算是金牌运动员，也会有运气不济，从平衡木上摔下来的时候。同样，你生活中的英雄也有工作不如意的时候，需要你的帮助和鼓励，让他重拾信心，东山再起。

上周，我接到一位男性的电话，他五十四岁，正面临着近乎绝望的处境。公司裁员让他失去了工作，之后的九个月，他几乎跨越了半个美国寻找新的工作机会。在此期间，他仅和孩子相处了十四天。他和家人现在都在贫困线上苦苦挣扎。妻子不得不去领取政府食品券，这让他觉得很难堪、很沮丧。“我真不知道活着还有什么意思，”他说，“我居然连养家糊口都做不到。”

我还认识一对夫妻，丈夫叫比尔，妻子叫克里斯汀，他们结婚比较晚。两人都五十多岁了，有两个正在青春期的孩子。以前，克里斯汀是一名兼职教师，她丈夫的薪水是家里的主要收入来源。但后来，丈夫被公司辞退了。以他的年龄，再找一份工作很困难。于是，克里斯汀挑起了家里的重担，找了一份全职教师的工作，可微薄的薪水仅够支付房贷，一家人生活拮据。比尔为此非常自责，几乎崩溃。

头三个月，他们的生活还能勉强维持，可到了第四个月，他们家的冰箱和食品柜都已经快空了。

一天下午，他们的朋友伊凡和丽贝卡突然来了，给他们带来了一车食物。比尔——一个高大的硬汉——站在门口泪流满面。“我真的不好意思接受这些，”他说，“我从来不会去求别人的施舍，因为我不是一个好吃懒做的人。有没有什么我能帮你们的呢？”

对于帮助自己家庭的人，比尔想要做些事情来回报他们。所以那天下午，比尔去了伊凡和丽贝卡的家，帮他们收拾后院里被狂风刮倒的树。到了晚上，那棵倒下的大树被整整齐齐地砍成了一堆柴火。比尔以自己的方式，与他们做了公平的交易。春风般的笑容又回到了他的脸上。

两天后，克里斯汀给丽贝卡打电话说：“谢谢你让比尔重新找到了男人的自信。现在，他又开始积极地寻找工作了。”

在当今世界，生活充满了变数，很多无法预料的事情随时可能发生。我有一个朋友，在无线电屋（Radio Shack）公司工作了二十五年，由于激烈的市场竞争，他成了公司裁员名单中的一个。想象一下，你在一家公司工作了四分之一个世纪，可门店说关就关，你一夜之间竟然成了无业游民。无线电屋公司通过邮件解雇了几千名员工。他们已然成为公司的历史。

当他在生活中遇到意想不到的情况时，他会依靠谁呢？是他那群哥们儿吗？是他天天看得痴迷的芝加哥熊队（the Chicago Bears）吗？都不是。他能依靠的人，只有你。可是，如果你太忙碌，没心思听他诉说，或者因为害怕听到某些消息（你也许在想：他想换工作？去另一个城市？不，我可不想这样搬走）而逃避他，那他只能靠事业来麻痹自己。更糟糕的是，这样的话，你就失去了走进你的英雄的内心世界的机会。

即使他在一些事情上无法做好，你依然尊重他主心骨的地位，依然相信他，这对一个男人来说太重要了。养家糊口是每个男人内心深处的职责，能让他在心理上获得满足。

这就是为什么男人比女人更怕失去或变动工作。男人很好强，很要面子。无论是在事业上、感情上，还是在生活的各个方面，承认自己是个失败者，都会让他感觉屈辱。

所以，去看心理医生的人当中，往往女性多于男性。让他坦承“我需要帮助”，需要很长时间和很大勇气。这就是为什么你（他生命中的挚爱）可能需要温柔地帮他渡过难关。这种帮助包含着你对他的信任以及在最艰难的处境中你们也能一起面对的信念。

他需要你完全的信任

我有时会收听图森市的电台节目。一天早上，电台正在播出一档名为《玫瑰之战》（*The War of the Roses*）的节目。在节目中，电台工作人员会给一名男士打电话，声称他们正在派发免费玫瑰，玫瑰上的卡片是匿名的，问该男士想把花送给谁。但他们并不会真的去派送玫瑰，而是让那位男士的妻子或女朋友坐在电话旁，一字不落地听着他们的谈话，看他是否对自己不忠。

“您要做的，”电台工作人员骗他说，“就是告诉我们您想把花送给谁，然后推荐推荐我们优质的服务。”

那天早上，接到电话的一位丈夫说。“太好了！把花送给我的秘书吧。”

“这可是代表浪漫的红玫瑰，”工作人员问，“合适吗？”

“没事，”丈夫回答，“今天是她的生日，所以很合适。”

“好的，先生。那您想在卡片上留些什么话呢？”

“就写‘祝你生日快乐’吧。没了。”

“等一下！”那位男士的妻子正坐在主持人旁边，她突然打断了他们的谈话，“你难道就没想过把这束花送给我吗？”

丈夫显然愣了一下，不知道这声音是从哪里来的。他顿了顿，说道：“不，请把它送给我的秘书，谢谢。”

妻子勃然大怒。她一把抓过电话，愤怒地说：“我生日的时候，你不送花给我。而现在，就算这些花是免费的，你仍然不肯送给我！你到底是哪根筋不对？”

> 来听听一个男人的心声：为什么我要送妻子鲜花？它们很快就凋零了啊！难道这能代表我们的关系吗？
>
> ——某位匿名男士

接下来的十分钟，妻子开始控诉丈夫肯定有婚外情，严厉斥责他没把自己放在心上，最后还总结了一句：“你和我认识的其他男人没两样！你这个窝囊废！”

等她滔滔不绝发表完长篇大论，她丈夫的反应是什么呢？他幽幽地说：“亲爱的，这些诸如送花之类的表面形式，我们不是一直不做的吗？”语气里满是无奈和悲伤。

他和很多男人一样，有点儿木讷愚笨，可他是个忠诚的丈夫，对这个家尽心尽责，为了给妻子提供优越的生活条件而拼命工作。过了一会儿，他说他得去上班了，挂电话前，他对妻子说：“我爱你。晚上回家我们再谈这个问题吧。”

最后，在主持人的深入询问下，那个女人承认自己有外遇，她以为丈夫也和她一样有婚外情。

在后来的互动环节里，有很多听众打进电话表达看法：“那个女人是不是有病？”

那个丈夫日复一日地当着无名英雄，为妻子奉献自己的一切，到头来她非但没有任何感动，反而根本就不信任他。

这个故事让人感到心酸。如果信任消失了，那爱情将无从谈起。

当然，也有很多夫妻像凯伊和里奇一样。在过去的三年里，凯伊因为患上多发性硬化症，一直坐着轮椅。里奇是一名短柄墙球运动员，也是位活跃的赛车手。可是昨天，他却向老板递上了辞呈。“我想有更多的时间陪伴凯伊，”里奇这样告诉他的老板，“她是我活下去的理由。”

在凯伊生病期间，他们之间那种对彼此的尊重、信任、忠诚和默契，让每一个朋友都为之感动、惊叹，并为他们深深祝福。

他只是一个平凡的英雄

一天，我在家里喝着咖啡，无意间听到妻子桑德和女儿克里茜、我的助理黛比的闲谈，她们正在讨论中午去哪儿吃饭。

“我先走了。”跟她们打了个招呼后，我便出门了。路上，我开车恰巧经过她们想去的那家餐厅。于是我灵机一动，把车靠路边停下来，找到餐厅的领班。

“我妻子 12 点 30 分的时候会到这儿来吃午饭。她已经预订了三人的位置，外加一个婴儿。我想把她们的餐费提前付了。”我对领班说。

领班看了我一眼，好像觉得我脑子不正常。

“我的意思是，趁我这会儿在，先把银行卡刷了。等会儿我妻子来的时候，麻烦告诉她，已经有人买过单了。”

“好的。”领班让我刷了卡。在等刷卡小票出来的时候，她又用那种怪异的眼神反复打量着我。

接着，一名服务员把她叫走了一小会儿。两个女人嘀嘀咕咕说着什么。六十秒钟后，那位领班走过来，她把点餐本紧贴在胸前，热泪盈眶地对我说："天哪，我刚听说了你的事，我想告诉你——你真是太伟大、太贴心了！"

我不安地来回挪动双脚（这是男人不知所措时的习惯动作）。"我只不过是想为自己的爱人做点儿什么。"

离开那家餐厅好一会儿后，我才回过神来：那位领班可能从来没有享受过被人疼爱的感觉。她的父亲或者丈夫也许根本没把她放在心上过。所以，她才会被我的举动如此感动。

在婚姻中，我们对很多事情已经麻木，觉得它们是理所当然的，不是吗？英雄可以做感天动地的壮举，比如冲进火场舍身救你，但他们（丈夫们）的伟大更多地体现在平凡小事上，比如，为了帮你把车修好而满世界打电话咨询；打扫宠物鸟的笼子（哪怕他压根儿不喜欢小鸟），好让你能休息一会儿；送你一个你最爱的浴球，因为他觉得劳累过后的你应该好好放松放松；一个月里第二次给车险公司打电话，因为你又撞上了同一根电线杆，哪怕他心里在嘀咕——如果我当时能让她停下来，那就可以节约好几千美元了；带着女儿出去玩飞镖，为的是能让你有足够时间准备女儿的生日宴会，给她一个惊喜。

这个平凡英雄会一次又一次出现在孩子的棒球比赛上，会给伤心的女儿再选一条宠物鱼，也会在晚上 10 点冲进商店为你买一包卫生棉。排队结账时，他会在心里无数次祈祷，不要有人突然吼一句：

"价格检查！"[1]

他还是家中的丧礼承办人。在我们家，凡是你能想到的东西，我们都为它们举行过隆重葬礼，包括小狗、金鱼、小猫以及松鼠。一位父亲曾告诉我："对我来说，站在厕所的水槽前按下水龙头，给金鱼一个水葬，简直太正常不过了。直到我看到我那号啕大哭的女儿，她的眼睛又红又肿。于是我跑到后院，给金鱼找了一块墓地。我们甚至用树枝做了一个十字架，挂在它的墓碑前。"

这位英雄，小心呵护着妻子和孩子（尤其是女儿）的感情，亲人永远是他内心最柔软的部分，这难道不值得敬重吗？

如果你能满足他的基本需求，让他感受到你心中浓浓的爱意，那他将是这个星球上最快乐的人。他会在外为你挡风遮雨，肩负起丈夫的职责，也会把温柔的内在都留给你和你们的孩子，对这个家百般照顾。对男人来说，这意味着："我想成为你的英雄。我会保护你，我会分享你所有的悲伤和眼泪，即使很多时候我不太明白你为何如此忧伤。"

---

1 美国人一般比较注重隐私，排队结账时每人之间会保持一米距离。但价格检查员来检查价格时，可能会打破原来的秩序，让他人看到买卫生棉的这个人的隐私。——译者注

一个真实的男人

一个真实的男人会吐痰、挠痒，也会和你争论不休。当你再次忘记关冰箱门时，他会很生气。当你往车库里倒车时，他会在旁边不屑一顾。

他有时候会假装睡着，尤其是孩子半夜哭闹时。等第二天睡觉前，他又信誓旦旦地对你说："别担心，孩子哭了我会起来哄他的。"

有些事情，男人很长时间都不会注意到。夏天的时候，我妻子买了一个很华丽的喷泉，上面还雕刻着小天使。整个夏天，它都被放在一旁，等着我们找人来将它挂在房屋的外墙上。

9 月的一天，我刚踏进家门，桑德就热情地迎了上来。她双手在颌下合十，激动得又蹦又跳（当然，她和我抢着用厕所的时候，也会有这样的动作）。接着，她用手托住下巴，整个脸舒适地靠在手掌上，仿佛躺在枕头上一样，开心地问："你看见没？你觉得如何？"

"啊，你在说什么？"我有点儿摸不着头脑。

"喷泉啊！"

“我没有看见喷泉啊。”

桑德瞪了我一眼：“你怎么没注意到它呢？”

她一把将我拉出门，走向挂喷泉的墙。我承认我确实没注意到它，虽然我不明白自己为何没看见，这个喷泉可是有六英尺高、四英尺半宽。不过，如果她把喷泉挂在米奇·曼托（Mickey Mantle）的照片旁，那我肯定一眼就能看见。

大部分男人都对家庭装饰反应迟缓，分不清颜色，不喜欢洗衣服。

他很乐意倾听你的小秘密，只是有的时候他没法做出适当反应。当然，这并不代表他没有专心听你讲的一字一句。

如果妻子能尊重他、需要他、满足他，那么他会主动每晚和孩子玩猎人怪物的游戏。即使他工作不如意，他心情糟糕透顶，回家后他也会和孩子一起嬉戏。

在旁边目睹这一幕的妻子会心地笑着，在心里对自己说：嫁给这样的男人，真是幸福。虽然他最近又重了十九磅，不过这压根儿不要紧。他深爱着我，深爱着孩子。

看到了吧？只要你能满足丈夫的三大基本需求，他将带给你意想不到的惊喜。他会为你挨子弹，为你浴血奋战，无怨无悔。

他也会在生活小事中处处为你考虑。他不会紧紧追问你妈妈来家里住多少天，他想同你分担你的所有心事，他也愿意帮助你实现你的愿望。你是他生命中最重要的人，他想尽自己的全力让你开心。

我的女婿丹尼斯就是这样一位丈夫。有一次，我的两个女儿克里茜和霍莉决定去亚利桑那大学观看比赛，于是，照顾小孩的任务落到了丹尼斯头上。那天，我刚好出差，等回到家时，看见一岁的外孙女阿德琳在吃桃子，她的脸上沾满了桃汁。可以想象出，要同时照顾三岁的康纳和一岁的阿德琳，缺乏经验的丹尼斯是多么的手忙脚乱。不过，他们三个人笑得很灿烂。

看着疲惫却满足的丹尼斯，我不禁想：他真不愧是平凡英雄的代表。克里茜的眼光真不错。

我为面前的这位平凡英雄感到无比骄傲，哪怕我外孙女的脸确实需要好好洗一洗。

> 能找到并实施一个双方都满意的解决办法，那就是胜利。在健康的关系中，每个人都是赢家。
>
> ——加里·斯莫利
>
> （Gary Smalley）
>
> 《关系 DNA》
>
> （*The DNA of Relationships*）

男人私语

怎样才算一个真正的英雄

1. 具有大爱，永远将他人放在第一位。
2. 将你视为平等的同伴，尊重你的个性，求同存异。
3. 全力给家人以支持，不因为家人的成功而嫉妒。
4. 不论大事小事，都能持之以恒、坚持不懈。

在美国，人们都说女人是家庭的核心，她打理着家里的大事小事，是联系家庭成员的纽带。可研究表明，男人才是一个家庭的主心骨。

英雄是怎样炼成的

你的丈夫需要成为你的英雄，他同样希望你也能成为他的英雄。那么，如何才能梦想成真呢？请往下看。

1. 换一种方式思考

请思考一个有些奇怪，也非常震惊、棘手的问题：如果你得知自己患了卵巢癌，并已到了晚期，可能只剩下六个月时间，那么你会选择如何度过这有限的生命呢？

我想，生活中那些琐碎繁杂的小事，此时在你眼里，应该会立刻变得苍白。秋日聚会的各种装饰工作，仿佛已不再重要。下个月交稿的截止日期也不再是你最在乎的首要事件。

对于你与你丈夫之间的感情，你在脑海中又会想些什么呢？

(1) 趁还来得及，我有没有什么话要告诉他？

（2）有没有什么事，我本该同意他、支持他，却没有这样做？

（3）如果明天我就要离开人世，他知道我爱他吗？或者，他会怎样回忆我？

思考过以上问题后，再问问自己：从中我能获得怎样的启发？到底什么才是我生命中最重要的？以后的生活应该怎样安排才不会留有遗憾？

三周前，我去塔科马市开会，并做了发言。新书签售会快结束的时候，一位女性走了过来，对我说："昨天你的一席话给了我很大的震撼和启发。今天早上，我终于想通了。"她垂下头，小声讲道，"本来我已下定决心离开这个家。我原打算星期五等我丈夫一上班，就立刻叫搬家公司过来。等他下班回来，我的东西早已被收拾干净，只有我留给他的一张字条，告诉他我走了，不再回来。可是，你的那番话让我重新燃起了希望。我决定再给他，也给自己一次机会。"

人生苦短，不要在等待中浪费宝贵光阴。现在就换一种方式思考吧。趁还有时间，好好珍惜你生命中最重要的人和事，让你的人生过得更精彩、快乐。

2. 他是哪一种类型的领导

在你眼中，你丈夫具有下列哪种领导气质？

（1）温柔而有原则；

（2）专横独裁；

（3）没有领导气质，懦弱无能。

如果你选择了“温柔而有原则”，那么你的丈夫很有可能是在男女平等、分工明确的家庭环境中长大的。他的母亲在家中愉快地承担着女人的角色，而父亲也愉快地承担着男人的角色，是家里的顶梁柱。你丈夫视他父亲为心中的英雄，同时他与母亲有着非常融洽的关系，并且如今对你也是如此。

你们的婚姻很美满。你们都有自己独特的能力和个性，同时也对彼此深信不疑。你们的生活不会像其他一些夫妻那样，为各种琐事争个“你死我活”。

如果你选择了“专横独裁”，那么你的丈夫很有可能是在父亲掌权的家庭环境中长大的。在他家里，母亲的意见从来都不重要，母亲和孩子都是被统治的对象。父亲是家中唯一的老大。你丈夫小时候迫不及待地想要挣脱父亲的魔掌，可是，等他有了自己的家庭后，他就变成了和他父亲一样的人，甚至有过之而无不及。

倘若你嫁给了这样的丈夫，那你必须勇敢地站出来，大声说出你的感受和观点。作为夫妻，你们应该多为对方考虑，彼此尊重。你坚持自己的想法，你的丈夫可能会非常生气。不过，你需要为自己争取足够的尊重，不能做他的出气筒。

如果你选择了最后一项“没有领导气质，懦弱无能”，那么你的丈夫可能是在母亲一人独大的家庭环境中长大的。在他家里，发号施令的永远是母亲，而父亲只能乖乖听话。因此，你的丈夫缺乏一种强有力的男性气概，也不知道如何才能成为领导者。

面对这样的丈夫，你得付出不少努力去改造他。凡事多征询他的意见，让他明白，他的想法对你很重要。你要重新确立他在家庭中的地位，慢慢地让他参与到决策中来。

3. 鼓励他，但不要假意吹捧他

> 最美好的婚姻，是两个人能够交汇融合。每一方在保持自己独特个性和爱好的同时，也能努力寻求共同语言和爱好。只有这样，他们才能成为更适合彼此的伴侣，让生活充满欢笑。
>
> ——威廉·F. 哈里（Willard F. Harley）
>
> 《他需她要》
>
> （*His Needs, Her Needs*）

别人吹捧你的时候，你是否感觉有些不自在？你为什么会有这种感觉呢？

因为很多时候，这些吹捧都是假的。“哎呀，珍妮弗，我太爱你的发型了！”“凯文，你这首曲子吹得真是好听极了！”可真实情况是，珍妮弗顶着一头滑稽的发型，连四岁的小孩子都能剪得比这好；而凯文吹的小号完全跑调了。

可是，鼓励就不同了。“约翰，你今天这么忙这么累，还抽时间帮我收拾碗筷，真令我感动。”“你送我花，真是太贴心了。为什么你总是知道我在想什么呢？给你大大的拥抱和亲吻……后面还有更大的犒劳等着你哦！”

总之，吹捧是虚情假意的，而鼓励则是真心诚意的。

今天，你打算给丈夫怎样的鼓励呢？注意他的闪光点，亲口告诉他你对他的感觉。不过，请给他发自肺腑的鼓励，而不是虚假的吹捧。

4. 把你的家和信仰紧紧连在一起

很多夫妻结婚后，仍然保持着“单身”的生活方式：各自独立做自己的事情。经过一段时间后，却发现夫妻之间已经没有什么可交流的共同话题。

如果夫妻二人能够在感情、心理和精神上相互依赖，那你们的关系将坚不可摧！

看一看你的日程安排，或者回忆一下你们的某次家庭讨论，你是在为谁服务？是你自己，还是别人？

我们都在为他人服务。谁是你生命中最重要的人？他的重要性是怎样体现在你日常生活中的呢？

思考完这些问题，你会明白：你和你的家庭是被一条无形的绳索紧紧缠在一起的，无法轻易分开。

在如今的社会里，紧紧抓住这条绳索会让你的生活多彩、灿烂。

结　语

学会他的语言

如果你能懂得他的想法，
并能用他接受的方式与他交流，那么你们的关系
便能如你所愿，并在你的掌控中美丽绽放。

我们花了整整一本书的篇幅来谈男人的喜怒哀乐，谈他最想要什么、最不想要什么，以及如何才能让你们的关系融洽美满。

现在，你已经了解了男人的三大基本需求——被尊重、被需要和被满足，也知道了男人永远不会告诉你的七件事。那么，你应该从何处着手去改善你们的生活呢？你怎样才能更快、更好地学会他的语言呢？

那就是爱情

我说话很直接。虽然我是一名心理学家，但在应用心理学领域，我认为值得一读的书籍屈指可数。其中一本便是我的同事盖瑞·查普曼（Gary Chapman）的著作——《爱的五种语言》(*The Five Love Languages*)。我强烈推荐它。读罢此书，你便犹如掌握了一把“手柄”，会明白如何以最好的方式表达爱和接受爱。

我相信，在男女关系中，特别是当你和丈夫性格迥异的情况下，这一点尤为重要。

那么，如何才能发现他的爱情语言呢?

他似乎不太可能某天早上起来一睁眼，突然想道：我等不及了，我要马上让她知道我的爱情语言。这需要你自己主动去发掘，但这件事并没有你想象的那么困难。你只需注意听他常抱怨什么。“你从来不……”“你总是……”或者“我不想……”。

盖瑞·查普曼说过，每个人表达爱意的方式都不尽相同，并且希望别人能用同样的方式爱自己。如果你读不懂丈夫暗含的期待，就会给你们的关系带来麻烦和问题。不过，在你学习了解彼此爱情语言的过程中，你也许可以找到一种共同语言，让你们的婚姻生活充满快乐。

让我们来看看这五种爱情语言吧。当然，你也可以尝试去探索属于你们自己的爱情语言。

1. 肯定的言辞

使用这种爱情语言的人大都口才不错，能很好地表达自己的感受。他们用肯定的言辞给别人以真诚的赞扬和鼓励，使人受到鼓舞。他们常常会对你的外表、才能或成就赞不绝口。

不过这种爱情语言的缺点在于，这类人也渴望听到别人同样的肯定之词。如果他们的伴侣没有做到这一点，他们会很失望、沮丧。而且有的时候，他们的赞扬之词过了头，会让人觉得有些虚伪。此外，不善言辞的人往往不相信甜言蜜语，会把别人的夸奖误解为对自己的讽刺。

2. 如胶似漆

使用这种爱情语言的人，喜欢与伴侣待在一起，形影不离。两人一起外出、一起吃饭、一起溜冰、一起背包旅行。威廉 · F. 哈里博士把这种爱情语言称为“娱乐陪伴”，意思是和喜欢的人一起做喜欢的事。这就像约会一样，只不过很多夫妻由于生活忙碌，早已忘记了这项活动。

但是请注意，运用该爱情语言，需要的不只是和伴侣并排坐在沙发上，更要给他（她）全部的关注，彼此用心交流。

我就属于这种类型。和桑德在一起的时光，总是那么快乐，却又那么短暂，感觉时间永远都不够。每当想与桑德共度良宵的时候，我就会跑到主卧，把房门上了四重锁。这样的时刻真是来之不易。

3. 赠送礼物

查普曼说，在喜欢使用这种爱情语言的人看来，“礼物是爱的象征”。他们喜欢送别人各种各样的礼物，甚至不惜血本。不过，礼物并不一定要昂贵的。路边采的一小束野花也能与钻石项链有着同样的意义，关键是看送礼的人有没有这份心。

但是，如果收到礼物的人没有做出任何反应，那送礼的人会很受伤。

桑德就是这样一种人。她总是创造出各种理由，向他人赠送礼物。每次我们邀请朋友到家里来的前一天晚上，她都要特意亲手准备很多心形饼干，让客人带回家。

我就没有这种喜好。我想的是，请他们吃饭就够了，为什么还送饼干呢？留给我们自己享用不更好吗？

4. 额外服务

在这种人眼中，爱一个人，就要以实际行动来表现，这种实际行动要达到“让对方惊喜”的效果。但这里有个问题：在家庭分工方面，对于哪些是丈夫或妻子“理所应当做的”，哪些是“额外服务”，多数夫妻并未达成共识。比如，她一般只负责做晚饭，今晚她却突然为丈夫烘焙了他最爱的甜点，这就是额外服务。他一般只负责打扫厕所，今天却突然帮妻子把厨房也打扫了，这也是额外服务。

这种爱情语言的难点在于，大多数男人并不属于劳动服务型。也许是因为在我们所处的社会环境中，女人已承担了三分之二的家务。所以，如果你的丈夫喜欢使用这种爱情语言，那么祝福你，也祝福他。

5. 身体的接触

使用这种爱情语言的人，很看重身体接触的强大力量。他们通过亲吻、拉手、拥抱或抚摩后背来传递自己的爱意，他们也希望伴侣能给自己同样的爱的表达。

这也是我常用的爱情语言。我的妻子知道，我喜欢与她肌肤相亲的感觉，喜欢以这样的方式表达爱和接受爱。

小测试八 ...

1. 以下哪一种是你丈夫的爱情语言？

A．肯定的言辞

B．如胶似漆

C．赠送礼物

D．额外服务

E．身体的接触

2. 你最看重下面哪种爱的表达方式？

A．听他亲口告诉你“亲爱的，我爱你”，或者把这句话写在卡片上送给你。

B．和他依偎在一起，只有你们两人，享受浪漫时光。

C．即使不是在特别的日子，也能时不时收到他送的鲜花。

D．他能主动打扫卫生间。

E．每次他出门或回家时，都不忘给你一个深情的吻。

答案请参见本书第 286 页。

跨越语言障碍

是不是每个人只能使用一种爱情语言呢？当然不是。比如说，“如胶似漆”和“身体的接触”都是我的爱情语言；而桑德则既喜欢“赠送礼物”，也不忘运用“额外服务”。

我们之间的差异非常大，但我们都学会了如何让彼此不同的爱情语言完美融合。

你们也可以做到。至于怎样做到，请看下面的例子：

假设你的爱情语言是“额外服务”，而你丈夫却喜欢“肯定的言辞”和“身体的接触”，那么，下一次当你看到他在主动做割草之类的家务活儿时，不妨给他一个温柔的眼神，然后抱住他，一边抚摸他的后背，一边告诉他你是多么感动和高兴。

听到你肯定的言辞，感受到与你的身体接触，他会像一只开心的金毛犬那样，殷勤地冲你摇着尾巴，甚至还会坐起身打个滚儿。等到下一次你需要他做事时，他还会心甘情愿为你效力。

你需要做的只是常常给他一点儿鼓励、一点儿抚摸、一个拥抱和几句表扬。如果你能做到这几件简单的事，他就会成为世界上最快乐幸福的人。

嗯，真的很神奇，男人居然和金毛犬如此相像——要求其实都很简单。

你可以现在就开始注意观察哪些是你的爱情语言、哪些是他的爱情语言。然后敞开心扉，与他多多交流，找到一种方式，让你们彼此都能更好地表达爱和接受爱。

谁来做出改变

女人们每年要花上数十亿美元来掩盖自己脸上和身上的瑕疵和缺陷。估计你也有在卫生间里对着镜子遮掩脸上瑕疵的经历。女人确实是善于掩饰的专家。

我一直想知道为什么一个化妆品的名字叫“封面女郎”，而不叫“伪装女郎”。

不过说到底，你知道化妆也许能让你抓住男人的心，却不能帮你留住他的心。你想要的是一个能包容你一切的丈夫，就算你脾气不好，就算你做了蠢事，就算你说错了话，就算你早上醒来时对他发火，他都能对你不离不弃。你希望他能对你说：“亲爱的，我爱你。我爱今天的你，爱明天的你，也爱昨天的你，你的一切一切我都爱。”

诚然，你嫁的这个男人并非完人，可他依然是上苍赐予你的珍贵礼物。你是会保护、尊重、爱护这份礼物，还是会用你的言语、态度和行动将它丢弃在一旁呢?

现在市面上涉及夫妻关系的各种书籍，包括菲尔博士（Dr. Phil）、奥普拉的最新畅销书，你都可以去读。可是，这些书籍不能直白地告诉你：好吧，你想要改造他吗？那就改变你自己吧！

不得不承认，人们总喜欢去指责、埋怨别人，却很难做到自我检讨，客观坦白地面对自己的错误。很少有人能主动站出来，大声说："没错，这是我做的，我来负责。"

婚姻是相互的，每一方都该对自己的所作所为承担责任。这意味着要站在对方的角度去思考和行动。让你丈夫获得充分的尊重和满足，是你应当做出的抉择。

倘若你下定决心改变自己的行为，那么当面对某一情况时，不妨停下来好好想想："如果是以前的我，会怎么做？"然后，有意识地多考虑一下你的丈夫，再问自己："那么，现在我该怎样做？"

有时你也许会觉得，改变自己真的不容易。是的，我们每个人都有一些常年养成的习惯。我认识一位女性，当她第三次结婚时，她觉得，这个男人肯定会像一台崭新的福特汽车那样，一点儿毛病都没有。可是她错了。她得到的还是同样的旧福特汽车。这辆车或许外表改头换面——涂了另一种颜色，换了几个车胎，但它的发动机依然丝毫未变。所以，我常告诉人们，在第一次婚姻中就要时常把自己和伴侣检查修理一番，这比换一辆福特汽车更容易。

当你能够以健康的方式对待你的婚姻，对待你与伴侣之间关系的时候，一件奇妙的事随之发生：你会发现，自己的行为在很自然地变化，而你没有感到任何不适。在你为融洽婚姻做出改变的同时，你也给了丈夫改变的自由和空间，让他能够主动自觉地改变，而不是被迫改造。

上周，我到乔治亚州的亚特兰大市做演讲。每到另一个城市演讲，我都会在当地聘请一个助理负责开车将我从酒店送到目的地，并给予我必要的协助。那天早上，比利和我在一家华夫松饼店吃了顿愉快的早餐。他是个典型的南方绅士，开着一辆通用SUV型汽车，生意做得很成功。他和他妻子都来听了我的演讲。

演讲完后，比利开车送我去机场。路上，他对我说："莱曼博士，你的讲座真的给了我一些启发，让我更加了解我妻子了。你还记得在你演讲的时候，我到台上给你送了一瓶水吗？"

我点点头："当然，那时我正口渴呢。"

"嗯，其实我做这件事是有原因的。正当我全神贯注听你演讲时，我太太指着地上的一瓶水，小声问了我一句：'那瓶水是你的吗？'我点了点头，然后又继续听你演讲。过了几分钟，她又在我耳边说：'他声音听起来有些嘶哑。'"

比利笑了一下："博士，听你演讲以前，我对妻子这样的问题是不会做出什么反应的。但是，当时我想起了你的话：'女人希望丈夫能明白她的想法，这能让她感受到爱和呵护。'即使没有明说，妻子也希望我能读懂她话中暗含的意思。当她问我'那瓶水是你的吗'时，她已经给了我第一个暗示。不过我只是疑惑她是不是想喝一口。

后来她又说你的声音嘶哑，这是第二个暗示。我这才明白过来，自然应该心领神会并且付诸行动，给你送上一瓶水。”

比利确实有所进步。

通过这件微不足道的小事，比利告诉了他的妻子：“你是我生命中的第一，只要你认为重要的事，我都会放在心上。”

在你丈夫眼中，哪些事情对他很重要？你如何去满足他的三大基本需求？了解“男人不告诉你的七件事”后，你又有何计划？

健康快乐的婚姻关系要求夫妻双方能重视并满足彼此情感和性爱的需求，常常用心交流彼此的想法和感受，充分了解对方的爱情语言。只有这样，才能在婚姻中感受到浓浓的爱意。

婚姻需要你用一生的时间好好经营，你也能从中收获无限好处。

幸福的生活正在前方等着你，赶快行动吧。

那位唯你马首是瞻的英雄，也在等着你……

美满婚姻十大建议：

10　了解你丈夫的关键在于破译他嘟囔时所表达的意思。

9　生活有 10% 在于你如何塑造它，有 90% 在于你如何对待它。

8　男人想要掌控电视遥控器，那就随他去吧。

7　给彼此留一些空间。男人有男人的小秘密，女人也有女人的小秘密。

6　两个一起全神贯注划桨的人没有闲工夫捣乱，船自然能行得平稳。

5　每天一起大笑 100 次。

4　你们不必总是“想法一致”，但一定要“一起想”。

3　婚姻犹如杯盏，若想这爱情之杯永远盈满，那么在你做错事的时候要承认错误。如果你是对的，请选择闭口不言。

2　在将你的想法告诉丈夫前，请先确定自己可以把它说清楚。

1　深情拥吻，直到海枯石烂。

后记　夫妻，相濡以沫一生

在一次残疾人运动会上发生了特别的一幕。百米赛跑的起跑线上，运动员们蓄势待发，每个人脸上都洋溢着信心和微笑。枪声一响，他们便如箭一般向着终点冲去，直指奖牌。

在一个弯道上，一名运动员突然跌倒。泪水顺着年轻男孩的脸庞流了下来，他坐在跑道上，那么沮丧、那么无助。

接下来发生的事情应该是运动史上最难忘的瞬间之一。只见所有正在奔跑的运动员都停了下来，转过身向男孩跑去。他们围在他身边，搀起他的手臂，一起手挽手向终点线走去。

看台上的观众，早已泪流满面。

为什么这一幕让人如此感动呢？因为它让我们每个人都惭愧不已。在健全人的奥运会上，女运动员摔伤了脚，没有一个运动员停下来帮助她，一个也没有。如果有人这样做，你知道新闻媒体会如何报道吗？肯定会引起轰动，成为当年热门的事件。

可是这些残疾运动员却能为一个受伤的同伴放弃个人的得失。

他们是一家人，他们在奔跑的道路上共进退。他们深深懂得，每个人都有脆弱的时候，都有渴望别人帮助的时刻。

这些残疾运动员虽然与奖牌失之交臂，但做了自己认为最重要的事——大家携手共进。他们是真正的赢家，他们问心无愧。

每一天，你和你的丈夫都在人生跑道上不停奔跑。在追逐个人目标的时候，你们会停下来帮助彼此，在奔跑的道路上共进退吗？你们会紧紧靠在一起，向着共同的目标前进吗？

只有做到这一点，你们才会以一颗宽厚、包容的心去对待彼此，对待自己。

也许你会失去一些个人荣誉，却得到了世间最宝贵的奖赏，那就是一生一世相濡以沫的夫妻关系。

他会从你那儿获得尊重、需要和满足的感觉。

你也会从他那儿得到爱、敞开心扉的交流以及他对家庭的承诺和奉献。

你们的关系便能如你所愿，并在你的掌控中美丽绽放。

附录　小测试答案

小测试一

A. 你们还在蜜月期。后面你丈夫会现出原形的。

B. 很好，你的想法非常正确。男人需要男性朋友，女人也需要女性朋友。如果你们都能有一些独立的空间，你们的婚姻就会更坚固，因为你不会试图把他改造成你的闺蜜。

C. 你的丈夫还像个没长大的孩子。你得时常提醒他身为成年人的责任（委婉地提醒）。如果还不管用，那就当他下次冲进厨房里拿汽水的时候，在他鼻子下面挥舞你最性感的内裤。你会惊讶地发现，他那些哥们儿会以闪电般的速度从你家里立刻消失。等你这个小小的“庆祝”结束后，你的丈夫将会把更多的注意力放在你和家庭上。

D. 你得尽快同他好好谈谈。注意不是和他对质。首先，找一个温馨的场所（没有宠物或孩子的干扰），告诉他，你是多么爱他。然后乘胜追击，继续对他说，他对你是多么重要，你有多么需要他，你非常希望他能在你们的婚姻中得到尊重和满足，等等。接着，巧妙地切入正题。尽量在谈话中多用“我”。“也许我不了解情况，但是有时我觉得很伤心……”不要用手对他指指点点，也不要使用指责的语气。要知道，男人有时候在人际关系上反应很迟钝。他需要你的提醒，不过一定要建立在尊重的基础上。

小测试二

__C__ “早上好，亲爱的！”

__N__ “星期三你能一下班就回来吗？刘易斯一家要来吃晚饭，我需要你帮忙才能准备妥当。”

__N__ “我很想念萨迪，我们能再养条狗吗？”

__F__ “今晚我会 5 点到家。”

__F__ “弗朗辛告诉我乔丹参军了，她和她丈夫都对此很吃惊。”

__P__ “我看到电视上在讲乳腺癌，这让我很担忧。我怕有一天我也会患上这种绝症。那你怎么办？孩子怎么办？”

__I__ “明年是我们结婚十周年，你觉得我们是否该存些钱，到时来个特别旅行呢？”

__C__ “你今天怎么样？”

__F__ “今天天气变冷了。”

__F__ “我要带安吉去买件新衣服，她又长大了。”

P “自从母亲去世后，我心中的孤独感挥之不去。我感觉不只失去了母亲，仿佛我自己的一部分也永远消逝了。”

如有其他答案，可以写出来，并将其分类。

小测试三

以上都不是。他不愿意停车，是因为他费了很大劲才把所有的车都超过，如果停下来，就会被反超。这样他就会觉得自己无能，没有面子。

小测试四

以上都不是。其实是因为他最终买下了那艘心仪已久的游艇，却没有勇气告诉你。他想的是，你在疯狂购物之后，心情愉快，可能就会接受这个消息。

小测试五

1. 若你符合以上一个或几个选项，那你很可能属于那种总想让别人高兴的人。如果你能认识到这一点，你便可以尝试改变，不再被这种习惯所控制。

2. 若你丈夫符合以上一个或几个选项，那你就是嫁给了一个具有征服欲的男人。不过，你可以拒绝让他操控你的一切。

小测试六

以上都不是。这种行为挑战着你丈夫的男性信条：你的就是他的，他拥有拒绝的优先权。

小测试七

四个选项皆是原因，而且可能还有更多原因。

小测试八

1. 到底是哪一种，只有你自己知道。如果你不知道，那就听听你的丈夫常在抱怨什么。

2. 这也只有你自己才知道。所以，为什么不给他点儿提示呢？别让他绞尽脑汁却还猜不着。